独ソ戦車戦シリーズ
9

1945年のドイツ国防軍戦車部隊

欧州戦最終期のドイツ軍戦車部隊、組織編制と戦歴の事典

著者
マクシム・コロミーエツ
Максим КОЛОМИЕЦ

翻訳
小松徳仁
Norihito KOMATSU

監修
高橋慶史
Yoshifumi TAKAHASHI

ТАНКОВЫЕ
СОЕДИНЕНИЯ
ВЕРМАХТА В 1945 ГОДУ

大日本絵画
dainipponkaiga

目次 contents

- 2●目次
- 3●序文、原書スタッフ
- 4●第1章
  ドイツの戦車生産と保有戦車
  ПРОИЗВОДСТВО И ТАНКОВЫЙ ПАРК
- 16●第2章
  戦車軍
  ТАНКОВЫЕ АРМИИ
- 22●第3章
  戦車軍団
  ТАНКОВЫЕ КОРПУСА
- 31●第4章
  戦車師団
  ТАНКОВЫЕ ДИВИЗИИ
- 84●第5章
  機甲擲弾兵師団
  ПАНЦЕРГРЕНАДЕРСКИЕ ДИВИЗИИ
- 98●第6章
  戦車旅団
  ТАНКОВЫЕ БРИГАДЫ
- 100●第7章
  戦車大隊・中隊
  ТАНКОВЫЕ БАТАЛЬОНЫ И РОТЫ
- 109●第8章
  陸軍補充戦車部隊
  ЗАПАСНЫЕ ТАНКОВЫЕ ЧАСТИ СУХОПУТНЫХ ВОЙСК
- 113●第9章
  ティーガー装備戦車部隊
  ЧАСТИ, ВООРУЖЕННЫЕ ТАНКАМИ《ТИГР》
- 122●第10章
  戦車猟兵部隊
  ПОДРАЗДЕЛЕНИЯ ИСТРЕБИТЕЛЕЙ ТАНКОВ
- 138●第11章
  突撃砲部隊
  ШТУРМОВАЯ АРТИЛЛЕРИЯ
- 68●塗装とマーキング

序文

　本書は1945年のドイツ国防軍戦車部隊を主題としているが、これまでの『フロントヴァヤ・イリュストラーツィヤ』シリーズ（邦語版『独ソ戦車戦』シリーズ）とは異なり、各戦車部隊の編成、組織編制、さらに簡潔な戦歴を加えた戦車部隊事典の体裁をなしている。ここに紹介するデータの出所は、西側公文書類やソ連軍部隊が捕獲したドイツ軍の文書類、またドイツ国防軍の個々の部隊をテーマとした文献である。しかしながら本書は、1945年のドイツ戦車部隊に関してすべてを網羅したものではない。なぜならば、戦争末期のドイツ軍では多数の部隊が編成直後に戦闘に投入されていったからである。その多くについては、様々な文書類に指摘が見られるものを除いては、情報がまったく欠如している。むしろ、読者から本書記載のデータに対するご指摘や追加情報をいただけるならば幸いである。

　掲載写真に関しても、どの車両がどの部隊の所属であったかについての推察は慎重にしている。戦争末期には師団章や他の部隊章が付いている装甲戦闘兵器はかなり稀になってくるからだ。それゆえ、所属部隊名を記すのはそれが十分確認される場合に限り、そうでない場合には撮影の場所と日付を付記するに止めたものもある。

　最後に親友のイリヤー・ペレヤスラーフツェフ、アンドレイ・クラピヴノイ、パーヴェル・シートキンの各氏に厚く感謝申し上げたい。本書の準備、執筆に当たり、彼らの助言に大きく助けられた。

原書スタッフ

発行所／有限会社ストラテーギヤ KM
　　　　ロシア連邦　125015　モスクワ市　ノヴォドミートロフスカヤ通り5-A　16階　1601号室
　　　　電話：7-095-787-3610　E-mail：magazine@front.ru　Web サイト：www.front2000.ru
発行者／マクシム・コロミーエツ　　　　　　美術編集／エヴゲーニー・リトヴィーノフ
プロジェクトチーフ／ニーナ・ソボリコーヴァ　　校正／ライーサ・コロミーエツ
カラーイラスト／セルゲーイ・イグナーチェフ

■本文内の［注］及び写真キャプション中の「付記」は、日本語版（本書）編集の際に、監修者によって付け加えられた。

第1章
ドイツの戦車生産と保有戦車
ПРОИЗВОДСТВО И ТАНКОВЫЙ ПАРК

装甲兵器の生産と配備

　1945年初頭の第三帝国の戦車及び自走砲の生産拠点は14社の工場に集約されていた（部品製造工場は除く）。そのうち最大だったのは、Ⅳ号駆逐戦車70（A）型（Pz.Ⅳ/70（A））とⅢ号突撃砲（StuG Ⅲ）、42型突撃榴弾砲（StuH 42）を月産450両製造していたベルリンのアルケット社（Alkett）、駆逐戦車ヘッツァー（《Hetzer》）や150mm自走砲グリレ（《Grille》）を月間最大300両出荷していたプラハのBMM社（旧CKD）、南部オーストリアはザンクト・ファレンティンでⅣ号戦車とヤークトティーガー駆逐戦車（《Jagdtiger》）を月に約200両生産していたニーベルンゲン・ヴェルケ社（Nibelungenwerke）、Ⅳ号駆逐戦車70（V）型（Pz.Ⅳ/70（V））月産約200両の生産能力を有していたプラウエンのフォマーク社（Vomag）、それにドイツ国防軍へ月間約200両のヘッツァー駆逐戦車を納めていたケーニヒグラーツのシュコダ社（Skoda）である。

　このほかさらに次の3社が月間100〜110両の車両を製造していた。ハノーファーのMNH社はV号戦車パンター（Pz.V《Panther》）とヤークトパンター駆逐戦車（《Jagdpanther》）を、ブラウンシュヴァイクのMIAG社はⅢ号突撃砲とヤークトパンター駆逐戦車を、ベルリンのダイムラー＝ベンツ社はV号戦車パンターをそれぞれ製造していた。その他の企業──ニュルンベルクのMAN社（V号戦車パンター）、カッセルのヘンシェル社（Ⅵ号戦車B型ケーニヒスティーガー（Pz.Ⅵ Ausf.B《Königstiger》））、ミュールハイムのドイッチェ・アイゼンヴェルケ社（Ⅳ号対空戦車メーベルヴァーゲン（Flakpz.Ⅳ《Möbelwagen》）、150mm自走砲フンメル（《Hummel》）、88mm自走砲ナースホルン（《Nashorn》））、ベンラートのデマーク（Demag）社（ベルゲパンター戦車回収車（《Bergepanther》）、マクデブルクのクルップ＝グルゾン社（Ⅳ号突撃砲（StuG Ⅳ））、ザガンのオストバウ（Ostbau）社（Ⅳ号対空戦車（Flakpz.Ⅳ））、ポツダムのMBA社（ヤークトパンター駆逐戦車）──は各種車両を毎月5〜70両出荷していた。

　第三帝国のこれら企業は1945年初頭時点で月間1,800両以上の戦車と自走砲を出荷することができた（表1参照）。表1からは、新造装甲兵器の圧倒的多数（78％）が各種自走砲で占められ、戦車の割合はわずか22％に過ぎなかったことがはっきり見て取れる。

1：ザンクト・ファレンティンにあるニーベルンゲン・ヴェルケ社（Nibelungenwerke）の組立工場に並ぶ重駆逐戦車ヤークトティーガー（《Jagdtiger》）。1945年1月。左端車両の車体には車体番号54と撮影日を示す16.I.45（1945年1月16日）が記されている。（ドイツ公文書館所蔵、以下BA）

2：アメリカ軍の空爆を受けた後のピルゼン市にあるシュコダ社（Skoda）の38(t)駆逐戦車ヘッツァーの車体ボディ組立工場。1945年。この工場では車体ボディーのみが組み立てられ、38(t)駆逐戦車の最終組立はケーニヒグラーツ市（プラハ東方のグラーデツ・クラローヴェ市のドイツ名）のシュコダ社の工場で行われていた。（ヤーヌシュ・マグヌスキー氏所蔵）

3：ハノーファー市のMNH社戦車組立工場。1945年5月。同市占領後にアメリカ軍が撮影。組立作業が2列のラインで進められ、しかもV号戦車パンターとヤークトパンター駆逐戦車（《Jagdpanther》）が並行して組み立てられていた様子がよくわかる。写真中央には戦車と自走砲に取り付けるエンジンやギヤボックス、転輪アーム、その他の装置が見える。（ストラテーギヤKM所蔵、以下ASKM）

　1945年にドイツ工業が最も多く出荷できたのは駆逐戦車であり、全製造車両のほぼ半分（44％）を占め、その次に多かったのは突撃砲（30％）であった。

　1945年1月に第三帝国の戦車生産がピークに達したのは疑いない。1944年の戦車及び自走砲の製造実績が19,665両だったことから、月間平均出荷車両数は1,600両を少し上回る程度だったと言える。

　1945年初頭の装甲車生産はブラウンシュヴァイクのビュッシング＝NAG社だけで行われていた。それは、8輪式のSd.Kfz.234/1とSd.Kfz.234/4である。ただし、この年の製造車両数はほんのわずかであった。

　装甲輸送車のSd.Kfz.250とSd.Kfz.251は各種派生型がまだかなり生産されていた。それらは次の6社から出荷されていた。

　ハノーファーのハノマーク（Hanomag）社、MNH社、シハウ（Schichau）社、ヴマーク（Wumag）社、バート・アインハウゼンのヴェーザーヒュッテ（Weserhütte）社、ブレーメンのボルクヴァルト（Borgward）社、ドイッチェ・ヴェルケ社、エファンス＆

4：アメリカ軍部隊に占領されたブラウンシュヴァイクのMIAG社工場の中庭。1945年5月。ここには30個に上るヤークトパンター駆逐戦車の装甲車体とⅢ号突撃砲（StuG Ⅲ）用の車体6個（別個に配置）が積み置かれていた。これらの車体ボディーはすべて、装甲部品の生産を行っていたブランデンブルクのブランデンブルゲン・アイゼンヴェルケ社（Brandenburgen Eisenwerke）からブラウンシュヴァイクに届けられたものである。（ASKM）

プストーア社（Evans & Pustor）。

1945年2月〜3月は赤軍及び連合国軍の空襲により、またドイツ軍部隊の支配地域の縮小により、装甲兵器の出荷数は減少を始めた。1945年1月1日から4月30日の間に第三帝国の工場が出荷した戦車と自走砲は4,284両である。また、同年1月1日から3月30日までの装甲輸送車および装甲車の生産数は1,528両を数えた（表1、2参照）。

1945年のドイツ軍戦車部隊の編成はかなりなまだら模様を呈していた。1945年の3月〜4月の戦闘ではⅢ号戦車（Pz.Ⅲ）と38（t）戦車（Pz.38（t））が相当な頻度使用され、しかも初期型が多かった。時には、Ⅱ号戦車（Pz.Ⅱ）が使用されたことさえあった。このほか、ドイツ軍部隊は後退を続けていたものの、ソ連軍の戦車と自走砲を若干数捕獲することもあった。それゆえ、1945年のドイツ国防軍戦車部隊は全般的な兵器不足を補うために、戦利品のソ連製車両を武装に加えてもいた。ただ、専用の弾薬が不足していたために、数回の戦闘で使用した後には遺棄している。ドイツ国防軍の保有装甲兵器の内訳は表3と表4にまとめている。これらの表からはっきりするのは、戦車は戦闘車両全体の35％に過ぎず、他は各種の自走砲であったことだ。しかも、駆逐戦車と突撃砲の占める割合はほぼ同じで（28〜29％）、合わせて全体の60％弱である。[注1]

また、これらの表からはドイツ軍装甲兵器の東部、西部戦線への兵力配分比も一目瞭然となる。例えば、4月10日現在の対赤軍戦

[注1] これは戦線が本国内になったため、各種兵器学校、演習場、教育訓練部隊などが保有していた旧式戦車を手当たり次第に投入した結果である。

表1：1945年1月1日～4月30日の第三帝国の戦車及び自走砲生産

企業名／所在地	車種	1月	2月	3月	4月	計
アルトマルキッシェ・ケッテンヴェルク（アルケット）／ベルリン郊外テーゲル	III号突撃砲	320	152	220	48	740
	42型突撃榴弾砲	71	24	49	48+19*	192
	IV号駆逐戦車70（A）型	50	20	1		71
	小計	441	196	270	96	1,003
ベーミッシュ＝メーリッシェン・マシーネンファブリク（BMM）／プラハ	38（t）駆逐戦車ヘッツァー	289	273	148	70	780
	150mm自走榴弾砲グリレ	15	?	?	?	15
	小計	304	273	148	70	795
シュタイアー＝ダイムラー＝プッフAG ヴェルク・ニーベルンゲン（ニーベルンゲン・ヴェルケ）／ザンクト・ファレンティン	IV号戦車	170	160	55	?	385
	ヤークトティーガー重駆逐戦車	16	?	?	?	16
	小計	186	160	55	?	401
フォークトランディシェ・マシーネンファブリクAG（フォマーク）／プラウエン	IV号駆逐戦車70（V）型	18	135	50	?	370
シュコダヴェルケ／ケーニヒグラーツ（現グラーデツ・クラローヴェ）	38（t）駆逐戦車ヘッツァー	145	125	153	47	470
	38（t）戦車回収車ヘッツァー	39	19	19	3	80
	小計	184	144	172	50	550
マシーネンファブリク・ニーダーザクセン＝ハノーファー（MNH）／ハノーファー	V号戦車パンター	80	81	?	?	161
	ヤークトパンター駆逐戦車	35	20	13	10	78
	小計	115	101	13	10	239
ダイムラー＝ベンツAGヴェルク40／ベルリン郊外マリーエンフェルデ	V号戦車パンター	100	70	40	?	210
ミューレンバウ・ウント・インドゥストリー（MIAG）アンメ・ヴェルケ／ブラウンシュヴァイク	III号突撃砲	71	37	15	?	123
	ヤークトパンター駆逐戦車	35	22	32	3	92
	小計	106	59	47	3	215
フリードリヒ・クルップ＝グルゾンヴェルクAG／マクデブルク	IV号突撃砲	46	18	38	3	105
ドイッチェ＝アイゼンヴェルケ／ミュールハイム	37mm IV号対空戦車メーベルヴァーゲン	5	18	12	?	35
	IV号突撃戦車ブルムベア	?	10	7	?	17
	88mm対戦車自走砲ナースホルン	9	7	?	?	16
	150mm自走榴弾砲フンメル	51	6	?	?	57
	小計	65	41	19	?	125
ヘンシェル／カッセル	IV号戦車B型ケーニヒスティーガー	40	42	30	?	112
マシーネンファブリク・アウグスブルク＝ニュルンベルク（MAN）／ニュルンベルク	V号戦車パンター	20	22	8	20	70
オストバウ／ザガン	20mm IV号対空戦車ヴィルベルヴィント	3	2	?	?	5
	37mm IV号対空戦車オストヴィント	13	7	8	?	28
	30mm IV号対空戦車クーゲルブリッツ	?	5	?	?	5
	小計	16	14	8	?	38
デマーク／ベンラート	ベルゲパンター戦車回収車	21	9	?	?	30
マシーネンバウ・ウント・バーンデダルフ（MBA）／ポツダム郊外ドレーヴィッツ	ヤークトパンター駆逐戦車	2	?	7	12	21
	合計	1,831	1,284	905	264	4,284

注1：*エンジンを除き組み立て完了。
注2：?はデータ欠如

表2：1945年1月1日～3月31日の第三帝国の装甲車及び装甲兵員輸送車生産

企業名と車種	生産数	
ビュッシング＝NAG	Sd.Kfz.234/1装甲車	37
	Sd.Kfz.234/4装甲車	73
	装甲車小計	106
ハノマーク、MNH、シハウ、ヴマーク、ヴェーザーヒュッテ、ボルクヴァルト、ドイッチェ・ヴェルケ、エファンス＆プストーア	Sd.Kfz.250装甲兵員輸送車	83
	Sd.Kfz.250/8装甲兵員輸送車（75mm砲KwK37 L/24搭載）	51
	Sd/Kfz.250/9装甲兵員輸送車 （Sd.Kfz.222装甲車砲塔に20mm砲KwK38を搭載した偵察型）	154
	Sd.Kfz.250装甲兵員輸送車小計	288
ハノマーク、MNH、シハウ、ヴマーク、ヴェーザーヒュッテ、ボルクヴァルト、ドイッチェ・ヴェルケ、エファンス＆プストーア	Sd.Kfz.251装甲兵員輸送車	728
	Sd.Kfz.251/9装甲兵員輸送車シュトンメル（75mm砲KwK37 L/24搭載）	3
	Sd.Kfz.251/16装甲兵員輸送車（Flammwerfer 42火焔放射器2挺搭載）	9
	Sd.Kfz.251/17装甲兵員輸送車（20mm砲KwK38搭載）	90
	Sd.Kfz.251/21装甲兵員輸送車 （3連装15mmまたは20mm機関砲MG151搭載）	76
	Sd.Kfz.251/22装甲兵員輸送車（75mm PaK40対戦車砲搭載）	228
	Sd.Kfz.251装甲兵員輸送車小計	1,134
	装甲兵員輸送車合計	1,422

線には戦車と自走砲の三分の二以上（72％）が集中しており、米英軍部隊に対峙していたのは西部戦線とイタリア戦線も含めて全体の23％弱に過ぎなかった。4月28日になると情勢は次のように変化している。69％が独ソ戦線で行動し、わずか7％強（！）が西部戦線、そして17％足らず（内4％は捕獲イタリア製兵器）がイタリア戦線に配置されていた。ソ連軍の負荷について、もはやコメントは無用だろう。

新型兵器開発・配備の試み

　1944年の末にドイツ指導部は第三帝国傘下企業の装甲兵器出荷量が、戦車部隊の損失を下回っていることを知る。そこで、よりコストが安く、大量生産に適した装甲兵器の開発を決定した。1945年の間にこれら新型兵器でもって、従来出荷されてきた高価で複雑な戦車と自走砲と取り替えていくことを想定していた。その上、戦車と自走砲の種類も大幅に縮小し、シャシー（車台）の規格を統一することが計画された。

　1945年の春までに新型車種がいくつか製造されるようになったが、戦争の終結によりその生産はまったくの少量にとどまった。とはいえ、1945年の5月から6月に戦場に登場したはずの新型装甲兵

5：エルビング市の修理工場で捕獲されたV号戦車A型パンター（Pz. V Ausf.A《Panther》）。東プロイセン、1945年2月。一部の転輪や戦車砲がないことからして、この車両は大修理の過程にあったと思われる。（ASKM）

6・7：ソ連第2ベロルシア方面軍第3軍部隊が鹵獲した2両のアルデルト式Waffenträger。写真6の車両はベルリン南西のヴァンディッシュ・ブッフホルツで、写真7の車両はブランデンブルク市内の路上で捕獲。両地点を地図で確認すると、その間隔は約200kmである。（ASKM）
付記：約100kmの誤りである。

器について語っておかねばならないと思う。ただしここでは、Eシリーズの戦車や"パンターⅡ"には触れない。なぜならば、戦争終結前夜のこれらのプロジェクトはまだ完成に程遠く、量産など尚更論外だったからだ。

アルデルト式ヴァッフェントレーガー（Waffenträger）

1942年の末にドイツでヴァッフェントレーガー（Waffenträger）と命名された新型自走砲の開発が始まった。これは、一種の砲特殊輸送車または砲運搬車である。その目的で量産エンジンを搭載し、口径75㎜〜150㎜の各種砲を装着する特別設計の統一走行装置の開発も計画された。そして、どの砲も全周射撃が可能で、取り外しと野戦砲架への装着が乗員の手で容易に行えるものでなければならなかった。1943年にラインメタル＝ボルジッヒ（Rheinmetall-Borsig）社とクルップ社、シュタイアー＝ダイムラー＝プッフ（Steyr-Diamler-Puch）社が10件以上の設計案を用意し、ヴァッフェントレーガーの試作型をいくつか製造したが、その後の進展はなかった。

この分野での成功を収めたのは、無名のギュンター・アルデルト博士であった。エーベアスヴァルデに小さな会社を持つ博士は、1944年の夏にヴァッフェントレーガーの設計をし、試作車両を造った。

これは最も簡潔な設計の車両であった。武装の88㎜対戦車砲

PaK43は箱型の装甲車体（装甲厚8〜20mm）に装着される。走行装置はヘッツァー駆逐戦車と同型であるが、転輪は全金属製であった。動力装置としてはマイバッハ社のHL-42キャブレターエンジンが使用され、4名の乗員を乗せた戦闘重量11.2tの車両の走行速度を時速36kmまで上げる能力を持っていた。製造を容易にするため、ギヤボックスや主クラッチなどいくつかの装置は量産型半装軌式牽引車のものが使用されている。全体として、強力な武装の車両が高価にならずに出来上がったのだ。

　試験と仕上げ調整を繰り返した後、陸軍砲兵兵器課は1945年にアルデルト博士のヴァッフェントレーガーの量産を決定した。その製造はアウト=ウニオン（Auto-Union）社の工場にゆだねられ、最終組み立てはアルデルト博士の工場で行われることとなった。生産量は次のように計画されている。3月5両、4月15両、5月30両、6月50両、7月80両、8月120両、……12月には月産最大350両。

　しかし、アルデルト式ヴァッフェントレーガーの生産数は不明だ。1945年4月27日にヒーレルラスレーベンで量産型のテストが実施されたことは分かっている。ただ、15〜20両の車両が生産されたことは間違いないのではないかと思う[注2]。写真資料を見る限り、赤軍部隊はベルリン南東のヴァンディッシュ・ブッフホルツ地区とベルリン南西のブランデンブルク市でそれぞれ1両ずつ鹵獲している。さらにもう1両（あるいは前記2両のうちの1両かもしれない）が、1945年の夏にモスクワ市ゴーリキー記念中央文化保養公園の戦利兵器展に展示されている。ヴァッフェントレーガーの車体には「ベルリンより」と、鹵獲場所が記されていた。

38(d)駆逐戦車ドイッチュラント
(Jagdpanzer38(d)《Deutschland》)

　1945年初頭にアルケット（Alkett）社はBMM社の技師陣の協力を得て、新世代自走砲のプロトタイプを作った。その設計に当たっては、量産型の38(t)駆逐戦車ヘッツァー（Jagdpanzer38(t)《Hetzer》）と試作のディーゼルエンジン搭載型38(t)駆逐戦車ヘッツァー・シュタール（Jagdpanzer38(t)《Hetzer-Starr》）の開発製造の経験が活かされている。[注3]

　ヘッツァーに比べて38(d)駆逐戦車の車台は縦横が拡張され、正面装甲板の厚みは80mmにまで強化されている。武装には砲身長70口径の75mm対戦車砲PaK42/2の採用が計画された。タトラ社の220馬力V-103ディーゼルエンジンは、時速45kmの走行速度を16.5tの車両に約束するはずであった。[注4]

　38(d)駆逐戦車は、簡単で安価な非常に出来栄えのよい兵器であった。そして、1945年の7月からはアルケット社、クルップ・

[注2] この点は疑義があり、プロトタイプ2両しか製作されなかったというのがドイツ側の定説である。モスクワ市ゴーリキー記念中央文化保養公園の戦利兵器展に展示され、現在はクビンカ兵器実験場にあるヴァッフェントレーガーは、ブランデンブルク市で鹵獲されたものである可能性が強い。なお、アルデルト博士は陸軍中尉であり、自分の故郷の街（ブランデンブルク市と思われる）を防衛するため、自らヴァッフェントレーガーにより防衛戦を展開して戦死したと言われている。

[注3] 38(t)駆逐戦車ヘッツァー・シュタールは、後座装置（駐退複座装置）がない点が特徴であり、射撃時の衝撃は車両全体で吸収する方式であった。終戦までに通常のヘッツァーから改修されたものも含めて14両が製作された。

[注4] ドイツ側の資料によれば、タトラTD103Pディーゼルエンジンの仕様は排気量14820cc、回転数2250rpm、最大出力207PS（馬力）であり、最高速度は40km/hの計画であった。

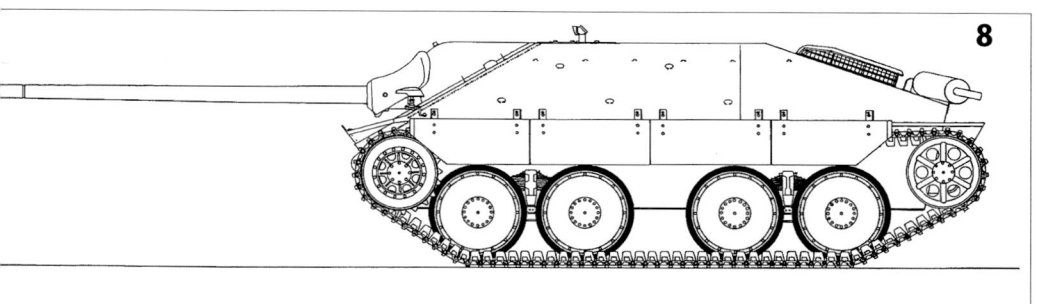

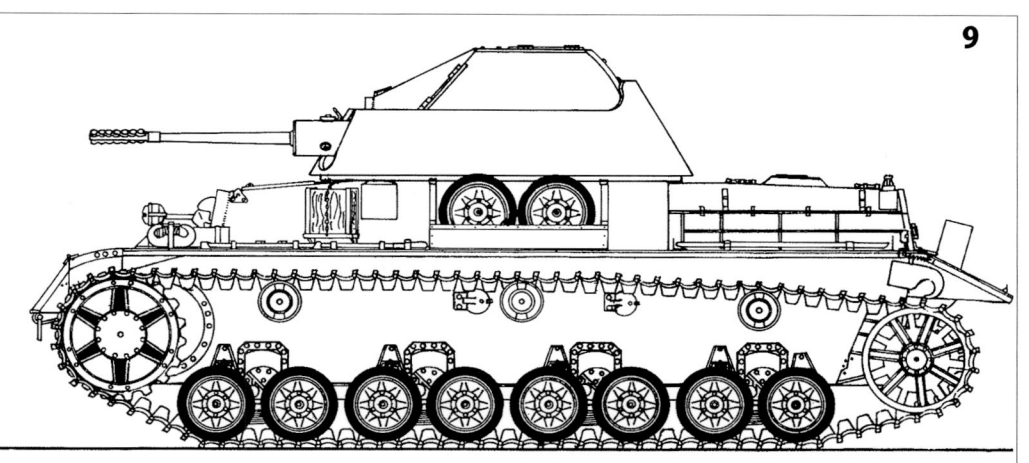

8：38（d）駆逐戦車ドイッチュラント（《Deutschland》）の側面図。

9：IV号対空戦車クーゲルブリッツ（Flakpanzer IV《Kugelblitz》──球状稲妻）の側面図。

グリュールゾン社、MIAG社、ニーベルンゲン・ヴェルケ社その他が生産に着手し、同年8月には月産1,250両の出荷が予定されていた。さらに、38（d）駆逐戦車をベースに一連の戦闘車両の開発が進められている。

　それは、対空戦車、自走砲、修理回収車、歩兵砲輸送運搬車、IV号戦車の標準砲塔を搭載した中核主力戦車または軽量設計型戦車などである。しかも、III号戦車とIV号戦車のシャシーは複雑かつ高価として生産から外されることになっていた。終戦までにアルケット社は38（d）駆逐戦車のプロトタイプを数種類製造したが、量産にはいたらなかった。

IV号対空戦車クーゲルブリッツ（Flakpanzer IV《Kugelblitz》）

　1944年9月、オストバウ社でIV号戦車をベースにした新型対空戦車、その名もクーゲルブリッツ（球電光）の設計が始まった。他の同類車両と異なるのは、球状機関銃架を模した独特な設計の砲塔

13

表3：1945年4月10日現在のドイツ軍部隊の戦車及び自走砲配備数

車種	独ソ戦線	西部戦線	バルカン半島	イタリア戦線	デンマーク、ノルウェー	計
IV号戦車（全種）	366	11	?	119	9	505
V号戦車パンター	564	38	?	25	?	627
VI号戦車B型ケーニヒスティーガー	166	46	?	35	?	247
捕獲戦車（全種）	71	?	74	172	107	424
III号突撃砲	812	54	19	127	41	1,053
42型突撃榴弾砲	198	41	?	38	?	277
IV号突撃砲	201	50	?	16	?	267
IV号突撃戦車ブルムベア	?	?	?	?	?	?
ヤークトティーガー重駆逐戦車	?	24	?	?	?	24
ヤークトパンター駆逐戦車	11	45	?	?	?	56
IV号駆逐戦車70（V）・70（A）	274	182	?	8	3	467
38（t）駆逐戦車ヘッツァー	915	101	?	?	?	1,016
IV号対空戦車（全種）	83	15	?	?	?	98
150mm自走榴弾砲フンメル	128	1	3	36	?	168
88mm対戦車自走砲ナースホルン	62	23	?	?	?	85
150mm自走榴弾砲グリレ	?	?	?	?	?	?
合計	3,851	631	96	576	160	5,314

注：?はデータ欠如

に30mm機関砲MK103/38を2門装着した点である[注5]。1945年初頭に実施された武装試験では極めて良好な結果を示し、同年2月にクーゲルブリッツは量産に移され、翌3月からは月産30両の出荷が計画された。しかし、5両の製造の後に生産は中止された。

というのも、このとき38（d）駆逐戦車をベースにし、クーゲルブリッツの砲塔を流用した対空戦車が設計され、それには2門の30mm機関砲MK103/38に加えてさらに2門の20mm高射砲Flak38を搭載することになった。そのため陸軍司令部は、より安価でより武装の強力な車両の生産を決定したのだった。しかし、終戦によってそれは叶わぬこととなり、38（d）駆逐戦車ベースのクーゲルブリッツは紙上のプロジェクトのままに終わった。

製造済みの5両のIV号対空戦車クーゲルブリッツは西部戦線に送られたが、その実戦使用についてはまったく記録がない。

[注5] クーゲルブリッツの球形砲塔は、B17の機関銃座を参考に設計された。5両が製造されてオーアドルフ演習場の機甲対空補充および教育大隊へ送られたという説と3両が製造されたという説がある。なお、アメリカ軍がメルセデス＝ベンツのベルリン・マリーエンフェルデ工場でほとんど出来上がった砲塔2基を発見しているため、3両のみが完成し残りの2両は未完成に終わったとする説が現在は有力である。

表4：1945年4月28日現在のドイツ軍部隊の戦車及び自走砲配備数

車種	独ソ戦線	西部戦線	バルカン半島	イタリア戦線	デンマーク、ノルウェー	計
III号戦車（全種）	17	?	?	53	87	157
IV号戦車（全種）・駆逐戦車	324	13	?	124	7	468
V号戦車パンター	446	29	?	24	?	499
VI号戦車ティーガー（全種）	149	18	?	33	?	200
捕獲戦車（全種）	44	?	27	162	83	316
III号突撃砲	811	45	18	123	39	1,036
42型突撃榴弾砲	104	1	3	34	?	142
IV号突撃砲	219	40	?	16	7	282
IV号突撃戦車ブルムベア、88mm対戦車自走砲ナースホルン	45	15	?	73	?	133
ヤークトティーガー重駆逐戦車	?	39	?	?	?	39
ヤークトパンター駆逐戦車	19	27	?	?	?	46
IV号駆逐戦車70（V）・70（A）	229	2	?	8	?	239
38（t）駆逐戦車ヘッツァー	579	82	9	68	2	740
合計	2,986	311	57	718	225	4,297

10：バラトン湖の戦いで撃破されたドイツ国防軍第24戦車師団のV号戦車G型パンター（Pz.V Ausf G《Panther》）。1945年3月、第3ウクライナ方面軍地区。前面装甲板右上に騎士のデザインの師団章が見える。バラトン湖反攻作戦に参加したドイツ戦車は所属を隠蔽するため部隊章を塗りつぶしていたとされるなかで、この車両はユニークである。

第2章
戦車軍
ТАНКОВЫЕ АРМИИ

ドイツ国防軍戦車部隊の最上級作戦編成は戦車軍である。最初の4個軍は1940年11月16日に編成され、当初は戦車集団と呼ばれた。1941年の秋から冬にかけて戦車集団は戦車軍と改称される。1942年の末に北アフリカで第5戦車軍が、また1944年9月にはSS第6戦車軍が生まれた。このようにして、ドイツ軍内には全部で6個の戦車軍が編成された。

ソ連軍の戦車軍は常備戦闘部隊（通常、戦車軍団2個、機械化軍団1個、各種強化部隊）を有していたが、ドイツ戦車軍は司令部のみ常設で、戦闘編成は変わることがあった。その戦闘編成には、戦車軍団、通常軍団、個々の歩兵、戦車、機甲擲弾兵、武装SSの諸師団、また突撃砲や砲兵部隊などが含まれた。1941年から1943年の間は、戦車軍には必ず戦車部隊（戦車軍団またはせめて個々の戦車師団）が入っていたのが、1944年以降は終戦に至るまでこのような編成は非常に稀となる。戦車軍が歩兵部隊のみによって編成されることも極めて多くなった。

以下に、1945年当時のドイツ戦車軍の編成と戦歴を概観しよう。

第1戦車軍 （1.Panzer-Armee）

軍司令部は1940年11月16日に第22軍団司令部を基幹に編成された。1941年10月5日まで第1戦車集団司令部と呼ばれていた。

1941年の夏から終戦まで第1戦車軍は独ソ戦線で活躍。1944年10月にA軍集団に編入され、1945年2月からは中央軍集団に移った。1945年5月初頭、第1戦車軍はプラハの東方で赤軍部隊に包囲され、5月11日に第1戦車軍の残存部隊は降伏した。

■編成

1945年4月12日現在の第1戦車軍は傘下に次の部隊を擁していた。

第29軍団（第15、第76、第153歩兵および第8猟兵各師団配下の戦闘団[注6]）、第49山岳軍団（第3山岳、第253及び第304歩兵、第320国民擲弾兵、ハンガリー第16歩兵の各師団、バーデルダー戦闘団）。[注7]

5月5日時点では、第11、第49、第59、第72軍団と第24戦車軍団、第8戦車師団、第253、第320、第371歩兵師団、第544擲弾兵師団が第1戦車軍の中にあった。[注8]

11：ドイツ国防軍第4戦車軍に所属のⅣ号J型戦車（Pz.IV Ausf.J）。ベルリン南東のヴァンディッシュ・ブッフホルツ地区で擱座して乗員に遺棄された車両。1945年4月。車体には三色迷彩が施され、白色の車体番号602が付けられている。（ASKM）

付記：第4戦車軍のうちブッフホルツ地区に包囲されたのは第5軍団であり、軍団麾下には戦車または機甲擲弾兵師団は一つも存在しなかった。従って、このⅣ号J型戦車が第4戦車軍所属という可能性は低く、むしろ一緒に包囲された第9軍所属と考えるほうが自然である。一番可能性が高い部隊は、1945年4月7日現在でⅣ号戦車16両を装備していた第20機甲擲弾兵師団/第8戦車大隊である。

[注6] Division Kampfgruppeのこと。壊滅した師団の残存部隊である場合と師団から分遣された戦闘団を指す場合がある。この場合はもちろん前者である。

[注7] 第29軍団と第49山岳軍団のほかに、第59軍団、第11軍団および第24戦車軍団を擁していた。
・第59軍団：第4山岳師団、第715歩兵師団、第19、第16戦車師団、第544国民擲弾兵師団戦闘団
・第11軍団：第68、第371、第158歩兵師団、第97猟兵師団、第1スキー猟兵師団
・第24戦車軍団：第254、第344歩兵師団、第10機甲擲弾兵師団、第78国民擲弾兵師団本部

[注8]「第49、」と略記されているのは「第49山岳」の誤記である。また、第320歩兵師団は第320国民擲弾兵師団である。

[注9] ヴィルヘルム・ハッセ歩兵大将が第1戦車軍司令官となった事実はない。終戦までヴァルター・ネーリング戦車兵大将が司令官であった。

また、1945年の第1戦車軍を指揮したのは、ゴットハルト・ハインリーツィ上級大将（～3/19）、ヴァルター・ネーリング戦車兵大将（3/22～4/3）、ヴィルヘルム・ハッセ歩兵大将（4/3～5/8）[注9]である。

第2戦車軍 （2.Panzer-Armee）

司令部は1940年11月16日に第19軍団司令部を基幹に編成。1941年10月5日までは第2戦車集団司令部と呼称。

1941年夏以降1943年9月の間、第2戦車軍は独ソ戦線で行動し、その後F軍集団に編入される。1944年12月に再び独ソ戦線に移され、南方軍集団の編成に入った。1945年3月にはハンガリーのバラトン湖付近でドイツ軍の反撃攻勢に参加。その後オーストリアに後退して、当地で1945年5月に一部はソ連軍に、残りはアメリカ軍にそれぞれ降伏した。

■編成

1945年4月12日現在の第2戦車集団の編成下には次の諸部隊があった。

第68軍団（第71及び第297歩兵師団、SS第13山岳師団残余）、第22山岳軍団（第118猟兵師団、SS第9戦車師団）、第1騎兵軍団（第23戦車師団、第3及び第4騎兵師団、第16機甲擲弾兵師団、SS第14擲弾兵師団、第44帝国擲弾兵師団"ホッホ・ウント・ドイッチュ

12：撃破されたドイツのⅣ号戦車H型（Pz.IV Ausf.H）を検分するソ連兵。ブレスラウ市地区、1945年3月。おそらくこの車両はドイツ国防軍第4戦車軍の師団に所属していたものと思われる。（ASKM）
付記：ブレスラウ戦区で可能性がある部隊は、第6、第19戦車師団、機甲擲弾兵師団"ブランデンブルク"または第103戦車旅団のいずれかである。

マイスター"戦闘団）。
　1945年の第2戦車軍司令官はマキシミリアン・デ・アンゲリス砲兵大将であった。

第3戦車軍（3.Panzer-Armee）

　第3戦車軍の司令部は第15軍団司令部を基幹として1940年11月16日に編成され、翌1941年12月31日までは第3戦車集団司令部と呼ばれていた。1941年夏以降終戦まで、独ソ戦線で活躍した。
　1944年10月、第3戦車軍は中央軍集団に編入され、1945年1月には北方軍集団に移り、翌2月からはヴィッスラ軍集団の中で行動した。東プロイセンの戦いでは大きな損害を出し、その後シュテッティン郊外に移された。1945年5月初めに第3戦車軍はドイツ北部にて、一部がソ連軍に、それ以外は米英軍部隊の軍門に下った。

■編成
　1945年4月12日現在の第3戦車軍の編成は次のとおりである。
　第46戦車軍団（第1海軍歩兵師団、第547国民擲弾兵師団）、オーデル軍団（第610特別編成師団本部、クロッセク戦闘団）、第32軍団（第549国民擲弾兵、第281歩兵師団、シュテッティン要塞守備隊、フォイクト戦闘団）、シュヴィーネミュンデ防衛地帯（第3海軍歩兵師団、第402教育師団、シュヴィーネミュンデ海上警備司令部）。

13. 軽自走榴弾砲ヴェスペを改造した弾薬運搬車。ベルリン南東のヴァンディッシュ・ブッフホルツに包囲されたドイツ軍部隊の壊滅時に遺棄されていた（写真手前には88mm高射砲Flak36/37の一部が見える）。このような車両は全部で169両生産され、戦車師団の砲兵連隊の弾薬輸送に使用された。(ASKM)

［注10］事実誤認である。実際は次の通り。
- 第57戦車軍団：第6、第72歩兵師団
- 戦車軍団"GD"：機甲擲弾兵師団"ブランデンブルク"、第615特別編成師団本部、第545歩兵師団戦闘団、戦車戦隊"ベーメン"
- モーザー作戦軍団：第193、第404、第463歩兵師団
- 第5軍団：第342、第214、第275歩兵師団、SS第36擲弾兵師団戦闘団、SS第35警察擲弾兵師団戦闘団

1945年の第3戦車軍司令官は、エアハルト・ラウス上級大将（〜3/10）とハッソー・フォン・マントイフェル戦車兵大将（3/10〜5/3）であった。

第4戦車軍（4.Panzer-Armee）

第4戦車軍司令部の編成は1941年2月15日、第16軍団司令部を基幹としている。1941年12月31日までの名称は第4戦車集団司令部である。1941年の夏以降終戦まで、第4戦車集団は独ソ戦線で活動した。1944年10月にA軍集団の編成に入り、1945年2月からは中央軍集団に移った。

1945年4月末、第4戦車軍兵力の一部がヴァンディッシュ・ブッフホルツ（ベルリン南東）で包囲殲滅された。同軍残存部隊は南方に退いたが、プラハの東方で赤軍部隊に包囲された。1945年5月11日、第4戦車軍はついに白旗を揚げた。

■編成

1945年4月12日の第4戦車軍が麾下に擁する部隊は以下の通り。

第57戦車軍団（第6、第72、第193、第404、第463歩兵師団、ブランデンブルク機甲擲弾兵師団、第615特別編成師団本部、第545歩兵師団戦闘団）、モーゼル戦闘団（グロースドイッチュラント戦車連隊、ベーメン戦車師団）、第5軍団（第214、第275、第342歩兵師団、SS第35及びSS第36師団隷下戦闘団）。［注10］

1945年の第4戦車軍は、フリッツ＝フーベアト・グレーザー戦車

兵大将が指揮を執っていた。

第5戦車軍 （5.Panzer-Armee）

　第5戦車軍司令部は第90軍団司令部を基幹として1942年12月8日に編成された。同軍はチュニスで活動していたが、1943年5月13日に現地で壊滅した。

　1944年8月5日、西方戦車集団を再編する形で第5戦車軍が再び編成され、1944年夏から終戦まで西部戦線で戦った。1945年4月に同軍はエッセン地区で米英軍部隊に包囲され、4月18日に降伏した。

■編成

　1945年4月12日現在の第5戦車軍の配属部隊は次のとおり。

　SS第12軍団（第59歩兵師団、第363国民擲弾兵師団、第3降下猟兵師団戦闘団）、第53戦車軍団（第353歩兵師団、第12、第62、第183国民擲弾兵師団、第9戦車師団主力）、第53軍団（第180及び第190歩兵師団、第22高射砲師団、第116戦車師団主力、フォン・ダイヒマン戦闘団）、第63軍団（第2降下猟兵師団、ハンブルク歩兵師団本部）。[注11]

　1945年に第5戦車軍の指揮を執っていたのは、ハッソー・フォン・マントイフェル戦車兵大将（～3/9）とヨーゼフ・ハルペ上級大将（3/9～4/18）である。

SS第6戦車軍 （6.SS-Panzer-Armee）

　SS第6戦車軍の司令部は1944年9月6日、武装SS司令部により第90軍司令部を基幹として編成された。その月の末には同軍は西部戦線のB軍集団に含められ、同年12月のアルデンヌの反撃攻勢に参加した。

　1945年2月、SS第6戦車軍はブダペスト郊外に転戦し、3月にはバラトン湖地区での反攻作戦に加わった。4月は戦闘の舞台をオーストリアに移したが、そこで決定的な壊滅の憂き目に遭う。残存兵力は5月初頭に一部がソ連軍の、それ以外がアメリカ軍の捕虜となった。

■編成

　1945年4月12日現在のSS第6戦車軍の陣容は次のとおりである。

　SS第1戦車軍団（SS第1戦車師団“ライプシュタンダルテ・アードルフ・ヒットラー”、SS第12戦車師団“ヒットラーユーゲント”、カイテル戦闘団及び第365歩兵師団戦闘団）、SS第2戦車軍団（SS第2戦車師団“ダス・ライヒ”、SS第3戦車師団“トーテンコップフ”、総統随伴師団、フォルクマン戦闘団）、第710歩兵師団、フォン・ビューナウ司令部戦闘団。[注12]

［注11］事実誤認である。実際は第53および第63軍団はフォン・リュットヴィッツ作戦軍に属しており、第5戦車軍の配属ではなかった。なお、SS第12軍団にはこの他にヴィッター戦闘団本部が属していた。

［注12］部分的に事実誤認があり、正確には下記の通りである。
・SS第1戦車軍団：SS第1戦車師団"LAH"、SS第12戦車師団"HJ"、カイテル戦闘団、第365歩兵師団戦闘団
・シュルツ司令本部：第710歩兵師団、シュタウディンガー戦闘団
・SS第2戦車軍団：SS第2戦車師団"DR"、SS第3戦車師団"TK"、総統擲弾兵師団、フォルクマン戦闘団、フォン・ビューナウ司令部戦闘団

14：トウモロコシ畑で擱座して乗員に遺棄されていたⅣ号J型戦車（Pz.IV Ausf.J）。1945年3月。砲塔に721の車体番号を持つこの車両は、SS第6戦車軍第23戦車師団の所属車両と推察される。（ASKM）

15：ベルリンの市街戦で撃破されたV号戦車パンター。1945年5月（監修者）。

1945年のSS第6戦車軍司令官は、ゼップ・ディートリヒSS上級大将であった。

第3章
戦車軍団
ТАНКОВЫЕ КОРПУСА

　戦車軍団は、ドイツ国防軍戦車部隊の最上級戦術編成単位である。戦車軍団は統合兵団（軍または軍集団）の編成内で行動することも、単独で活動することも可能だった。戦車軍同様、戦車軍団は常備戦闘編成を持たず、様々な兵団を麾下に抱えることができた。

　1944年末にドイツ国防軍内では常備編成の戦車軍団が編成されるようになった。各戦車軍団は戦車師団と機甲擲弾兵師団各1個、ティーガー重戦車大隊1個、突撃砲旅団1個で編成するよう計画された。しかし、このような戦車軍団はわずか2個しか編成されず、なおかつ完全ではなかった。それは、フェルトヘルンハレとグロースドイッチュラントである。これらは独ソ戦線で行動することとなった。

　以下、1945年に作戦行動中であったドイツ国防軍戦車軍団の戦歴と編成を見ていこう。

第3戦車軍団（III.Panzer-korps）
　1934年10月のベルリンでライヒスヴェーア（ヴァイマール共和国軍）第2師団を基幹に、第3軍団（III.Armee-korps）として編成された。1941年3月21日、第3自動車化軍団（III. Armee-korps（mot））に、また1942年6月21日に第3戦車軍団（III.Panzer-korps）に変貌を遂げていった。1945年の1月から4月の間、同軍団はハンガリーとオーストリアにおいて第6軍及びハンガリー第3軍の中で行動した。

■編成
　1945年3月1日現在の同軍団傘下には第1、第3、第23戦車師団とハンガリー第25歩兵師団がいた。
　1945年の軍団司令官はヘルマン・ブライト戦車兵大将。

第4戦車軍団（IV.Panzer-korps）
　1944年10月10日、赤軍に壊滅させられた第4軍団本部の残存人員を基幹に編成され、同年11月27日にフェルトヘルンハレ戦車軍団と改称された。

第7戦車軍団（VII.Panzer-korps）
　1934年10月のミュンヘンでライヒスヴェーア（ヴァイマール共

16：クーアラントの戦いでドイツ国防軍部隊が遺棄した、Ⅳ号戦車J型車台の指揮戦車（砲塔番号201）。1945年3月。

和国軍）第7師団を基幹に、第7軍団（Ⅶ. Armee-korps）として編成された。1941年からは独ソ戦線で活動していたが、1944年8月に壊滅状態に陥り、同年9月27日に編成を解かれた。

しかし、1944年12月18日に中央軍集団の中に第49歩兵師団を基幹に第7戦車軍団（Ⅶ.Panzer-korps）として再び編成される。

1945年初頭は東プロイセンの第2軍の麾下で行動し、その後ポメラニア（ポンメルン）に転戦して、そこで3月に壊滅した。

■編成

1945年3月1日現在の同軍団は第7戦車師団とSS第4警察擲弾兵師団からなっていた。

1945年の軍団司令官はモアティマー・フォン・ケセル戦車兵大将である。

第14戦車軍団（XIV.Panzer-korps）

1938年4月1日にマクデブルクで第14自動車化軍団（XIV.Armee-korps（mot））として編成され、さらに1941年6月21日、第14戦車軍団（XIV.Panzer-korps）に再編成された。1943年1月にスターリングラード郊外で全滅し、同年3月フランスで再編成された。1945年の初頭から終戦までイタリア戦線で活動した。

■編成

1945年3月1日現在の同軍団編成内には第65、第94、第305歩兵師団と第8山岳師団があった。

1945年の軍団司令官はフリドリン・フォン・ゼンガー・ウント・エッターリン戦車兵大将であった。

第24戦車軍団（XXIV.Panzer-korps）

1939年9月17日に当初第24軍団（XXIV.Armee-korps）として編成され、さらに1940年11月16日に第24自動車化軍団（XXIV.Armee-korps (mot)）、そして1941年6月21日には第24戦車軍団（XXIV.Panzer-korps）へと改編されていった。

1945年初頭に同軍団はオーデル河とグローガウ郊外に展開していた第4戦車軍に編入された。同年3月には第17軍の麾下にシレジア（シュレージェン）で、4月には第1戦車軍の部隊としてモラヴィアで戦った。

1945年の同軍団を率いたのは、ヴァルター・ネーリング戦車兵大将（～3/19）、ハンス・ケルナー中将（3/19～4/18）、ヴァルター・ハルトマン砲兵大将（4/18～5/8）である。

第38戦車軍団（XXXVIII.Panzer-korps）

1940年1月27日に第38軍団（XXXVIII.Armee-korps）として編成されたが、1945年1月8日に第38戦車軍団（XXXVIII.Panzer-korps）に改編された。1945年はクーアラントで活動し、第16軍の麾下にあった。

■編成

1945年3月1日現在の同軍団は第122及び第329歩兵師団を擁していた。

1945年の軍団司令官は、ホアスト・フォン・メレンティン砲兵大将（～3/15）とクルト・ヘルツォーク砲兵将軍（3/15～5/8）が務めた。

第39戦車軍団（XXXIX.Panzer-korps）

1940年1月第39自動車化軍団（XXXIX.Armee-korps (mot)）として発足し、1942年7月9日に第39戦車軍団（XXXIX.Panzer-korps）に改編された。

1945年1月は第5戦車軍の部隊としてアルデンヌで戦っていたが、2月に入るとポメラニア（ポンメルン）の第11軍に、さらに3月には中央軍集団第17軍に移され、4月は予備兵力として控置された。

■編成

1945年3月1日現在の同軍団の陣容は次のとおりである。

総統擲弾兵師団、第21戦車師団の一部、第17戦車師団戦闘団と第6国民擲弾兵師団戦闘団。

[注13] 1945年3月1日現在の編成では、その他にマターシュトゥック師団本部、第100特別編成旅団が配属されていた。

1945年の軍団司令官は、カール・デッカー戦車兵大将（～4/21）とカール・アルント中将（4/21～5/8）であった。

第40戦車軍団（XXXX.Panzer-korps）

1940年1月26日に当初第40軍団（XXXX.Armee-korps）として編成されたが、同年9月15日に第40自動車化軍団（XXXX.Armee-korps（mot））に、また1942年7月9日に第40戦車軍団（XXXX.Panzer-korps）に改編を重ねた。

1945年の1月はA軍集団、翌2月初頭には第4戦車軍、4月はシレジア（シュレージェン）に展開中の第17軍へと所属を変わった。

■編成

1945年3月1日現在の同軍団麾下には次の部隊が活動していた。

SS第35警察師団、第25戦車師団戦闘団、SS旅団"ディレルヴァンガー"、第608特別編成師団本部［注13］。4月12日現在では、第20戦車師団と第45及び第168歩兵師団が軍団を構成していた。

1945年の軍団司令官はジークフリート・ヘンリーキ戦車兵大将である。

17：ブダペスト近郊の戦闘で破壊されたⅤ号戦車パンター。ハンガリー、1945年1月。

第41戦車軍団 （XXXXI.Panzer-korps）

　1940年2月24日に第41軍団（XXXXI.Armee-korps）として編成され、1942年7月10日に第41戦車軍団（XXXXI.Panzer-korps）へと改編され、独ソ戦線で活躍した。

　1944年の6月にソ連ベロルシア共和国で赤軍から壊滅的打撃を受けたが、同年8月13日には再び編成された。

　1945年の1月から3月の間は第4軍の部隊として東プロイセンで戦ったが、4月に全滅し、軍団本部はドイツに引き揚げられた。

■編成

　1945年3月1日現在、第41戦車軍団は次の部隊を擁していた。

　第56歩兵師団、ハウザー戦闘団、第170歩兵師団戦闘団、第605特別編成師団本部。

　1945年の同軍団司令官は、ヘルムート・ヴァイトリンク砲兵将軍大将（～4/10）、ヴェント・フォン・ヴィータースハイム中将（4/10～4/19）、ルドルフ・ホルステ中将（4/19～5/8）である。

第46戦車軍団 （XXXXVI.Panzer-korps）

　1940年6月20日に当初第46軍団（XXXXVI.Armee-korps）として編成されたが、その直後の7月1日には編成を解かれている。再び編成されたのは1940年10月25日のことで、第46自動車化軍団（XXXXVI.Armee-korps（mot））として蘇り、1942年6月14日に第46戦車軍団（XXXXVI.Panzer-korps）と名称を改めた。

　1945年1月は第9軍の部隊としてワルシャワ郊外で戦い、2月から3月にかけてはヴィッスラ（ヴァイクセル）軍集団の中で行動し、4月に入ると第3戦車軍の編成に移った。

■編成

　1945年3月1日現在の同軍団は、第4戦車師団と第227及び第389歩兵師団からなっていた。［注14］

　1945年の軍団司令官は、ヴァルター・フリース戦車兵大将（～1/19）［注15］とマルティーン・ガライス歩兵大将（1/19～5/8）であった。

第47戦車軍団 （XXXXVII.Panzer-korps）

　1940年6月20日に第47軍団（XXXXVII.Armee-korps）として誕生したが、同年7月1日にはすでに解散させられた。しかし、1940年11月25日には再び編成され、1941年6月21日に第47戦車軍団（XXXXVII.Panzer-korps）と改称された。

　1945年1月はアルデンヌに展開していたB軍集団第5戦車軍の麾下にあり、2月は第1降下猟兵軍に移った。4月に同軍団はエッセンの郊外に包囲され、アメリカ軍部隊に降伏した。

［注14］この他に第1非常警戒旅団（Sperr-Brigade）が属していた。
［注15］原文ではマルチン・フリースとなっているが誤記である。

■編成

1945年3月1日現在の同軍団は、第116戦車師団と第84歩兵師団、第6降下猟兵師団からなっていた。

1945年の同軍団は、ハインリヒ・フライヘア・フォン・リュットヴィッツ戦車兵大将の指揮下にあった。

第48戦車軍団（XXXXVIII.Panzer-korps）

1940年6月20日に当初第48軍団（XXXXVIII.Armee-korps）として編成されたが、直後の7月1日に部隊解散。再び編成されたのは1941年1月のことで、1941年6月21日に第48戦車軍団（XXXXVIII.Panzer-korps）と名称を改めた。終戦まで独ソ戦線で活動した。

1945年1月はA軍集団第4戦車軍の部隊であったが、2月に第17軍の編成に移り、4月に入ると予備兵力として控置された。1945年5月初頭にアメリカ軍部隊に降伏した。

■編成

1945年3月1日現在の同軍団は、第122及び第329歩兵師団からなっていた。[注16]

1945年の軍団司令官は、マクシミリアン・フライヘア・フォン・エーデルスハイム戦車兵大将（～3/31）とヴォルフ・ハーゲマン中将（3/31～5/8）であった。

第56戦車軍団（LVI.Panzer-korps）

1941年2月15日に第56自動車化軍団（LVI.Armee-korps（mot））として誕生し、そして1942年3月1日には第56戦車軍団（LVI.Panzer-korps）へと改編された。1941年から終戦まで独ソ戦線にあった。

1945年初頭に同軍団はA軍集団の部隊として戦っていたが、1月末にヴィッスラ（ヴィスワ／ヴァイクセル）河で赤軍部隊に壊滅させられた。2月に再びブレスラウで編成され、中央軍集団の麾下に入った。同年4月は、ベルリン方面を守るヴィッスラ（ヴァイクセル）軍集団第9軍の中で活動した。しかし、5月に入る時点で軍団部隊はソ連軍部隊に殲滅された。

■編成

1945年4月7日現在の同軍団は、ミュンヘベルク戦車師団、第20機甲擲弾兵師団、第9降下猟兵師団を擁していた。

1945年の同軍団司令官は、ヨハネス・ブロック歩兵大将（～1/26）、ルドルフ・コッホ＝エアパッハ騎兵大将（1/26～4/10）、ヘルムート・ヴァイトリング砲兵大将（4/10～5/8）である。

[注16] この編成は第38戦車軍団のものである。正しくは第208歩兵師団、第269歩兵師団戦闘団、第10機甲擲弾兵師団戦闘団からなっていた。

18：ブレスラウ防衛戦で撃破されたⅤ号戦車G型パンター（Pz.V Ausf.G《Panther》）。後期型の同車の防楯は"あご鬚付き"（下部の張り出し）で、迷彩は帯を斜めに引いた三色迷彩、砲塔番号は砲塔側面に333とある。車体と砲塔のツィンメリットはない。（ASKM）

第57戦車軍団（LVII.Panzer-korps）

　1941年2月15日に第57軍団（LVII.Armee-korps）として誕生し、1942年6月21日に第57戦車軍団（LVII.Panzer-korps）と改称された。

　1945年1月はブダペスト郊外で第6軍の麾下で行動していたが、2月に第17軍に移ってシレジア（シュレージェン）へ転戦、4月には第4戦車軍に編入された。

■編成

　1945年3月1日現在の同軍団の陣容は、第8戦車師団、第408歩兵師団［注17］、総統随伴師団、第103戦車旅団から構成されていた。

　1945年の同軍団は、フリードリヒ・キルヒナー中将［注18］の指揮下にあった。

第58戦車軍団（LVIII.Panzer-korps）

　1943年7月28日に第58予備戦車軍団（LVIII.Reserve-Panzer-korps）として編成され、そして1944年7月6日に第58戦車軍団（LVIII.Panzer-korps）へと改称された。1944年の夏から終戦まで西部戦線にあった。しかし、エッセン郊外に包囲され、1945年4月18日に降伏。

■編成

　1945年3月1日現在の同軍団は、第3機甲擲弾兵師団、第12国民

［注17］正しくは師団番号408部隊（Diovision Nr.408）で、補充軍に属する部隊である。
［注18］正しくは戦車兵大将である。

［注19］第162は第162（トゥルクメン）歩兵師団である。
［注20］正式名称は戦車師団"フェルトヘルンハレ1"と戦車師団"フェルトヘルンハレ2"である
［注21］この他に第92機甲擲弾兵旅団が配属されていた。なお、師団の正式名称は［注20］に記した通りである。

擲弾兵師団、第353歩兵師団を擁していた。

1945年の同軍団司令官は、ヴァルター・クリューガー戦車兵大将（〜3/25）、ヴァルター・ボッチ中将（3/25〜4/18）である。

第76戦車軍団（LXXVI.Panzer-korps）

1943年6月29日にフランスで第76軍団（LXXVI.Armee-korps）として誕生し、1943年7月22日には第76戦車軍団（LXXVI.Panzer-korps）へと改編された。

1943年秋からイタリアで活動。1945年1月に同軍団はボローニャ近郊のC軍集団第14軍に編入された。

■編成

1945年3月1日現在の同軍団は、第26戦車師団、第42歩兵師団、第98、第162、第362歩兵師団からなっていた。［注19］

1945年の同軍団司令官は、ゲーアハルト・フォン・シュヴェリーン戦車兵大将（〜4/25）、カール・フォン・グラッフェン中将（4/25〜5/8）である。

フェルトヘルンハレ戦車軍団（Panzer-Korps《Feldherrnhalle》）

1944年11月27日に第4戦車軍の改称という形で創設された。1944年の末にはブダペスト郊外で包囲され、1945年初頭には全滅した。

1945年3月10日に南方軍集団はフェルトヘルンハレ戦車軍団（Panzer-Korps《Feldherrnhalle》）を再び編成せよとの命令を受領した。その編成には壊滅して再び創設されるフェルトヘルンハレ第I戦車師団と第13戦車師団（後にフェルトヘルンハレ第II戦車師団に改称）が含まれた。［注20］

同軍団は南方軍集団第8軍に所属し、終戦までにハンガリー、チェコスロヴァキア、オーストリアを転戦した。

■編成

1945年4月12日現在の同軍団の陣容は次のとおりである。

フェルトヘルンハレ第I及び第II戦車師団、第357歩兵師団、第211国民擲弾兵師団戦闘団。［注21］

1945年の同軍団は、ウルリヒ・フォン・クレーマン戦車兵大将の指揮下にあった。

グロースドイッチュラント戦車軍団（Panzer-Korps《Großdeutschland》）

1944年12月14日にドイツ陸軍司令部は、グロースドイッチュラント機甲擲弾兵師団（1945年1月8日、戦車師団に改編）とブランデンブルク機甲擲弾兵師団からなるグロースドイッチュラント戦

車軍団（Panzer-Korps《Großdeutschland》）の編成命令を発した。1945年初頭、同軍団は東プロイセンにあった。ソ連軍の東プロシア作戦開始とともに、同軍団は（グロースドイッチュラント師団を除き）A軍集団に移された。

1945年2月には第4戦車軍の部隊としてコルホルツ近郊とオーデル河で激戦を演じ、3月から4月にかけてはポメラニア（ポンメルン）とベルリン近郊で戦い、その後オーストリアに移動させられた。5月初頭に軍団残存部隊はアメリカ軍に降伏したが、後にソ連側に引き渡された。

グロースドイッチュラント戦車師団は軍団主力とは別個に東プロイセンで行動し、そこで1945年の春に壊滅した。

■編成

1945年3月1日現在の同軍団の次のような編成であった。

第615特別編成師団と第21戦車師団主力、ブランデンブルク機甲擲弾兵師団、第20機甲擲弾兵師団、第1降下戦車師団"ヘルマン・ゲーリング"。[注22]

1945年の同軍団司令官は、ディートリヒ・フォン・ザウケン戦車兵大将（～3/12）、ゲオルク・ヤウアー戦車兵大将（3/12～5/8）である。

[注22] 正確には第615特別編成師団本部、第21戦車師団主力、ブランデンブルク機甲擲弾兵師団戦闘団、第20機甲擲弾兵師団戦闘団、第1降下戦車師団"ヘルマン・ゲーリング"戦闘団である。

19：インスターブルク市の路上で赤軍部隊が鹵獲したイタリア製乗用車アルファロメオ・トゥール800（Alfa Romeo Tur 800）。降下戦車軍団ヘルマン・ゲーリングの保有する車両だった。東プロイセン、1945年1月。

第4章
戦車師団
ТАНКОВЫЕ ДИВИЗИИ

　1945年に作戦行動中にあったドイツ戦車師団は、1944年の夏に承認された1944年型戦車師団編成定数Panzer-Division 44に則して編成されたものである。1945年の春になると、人員や兵器の損害と不足を考慮して、新たな1945年型戦車師団編成定数Panzer-Division 45並びに1945年型戦車師団戦闘団編成定数Kampfgruppe Panzer-Division 45が制定された。以後、これらの定数について詳しく見てみよう。

　編成定数Panzer-Division 44は機甲兵総監（Generalinspekteur der Panzertruppen）と陸軍総司令部参謀本部（Oberkommando des Heeres GenStdH またはOKH/GenStdH）の承認を経て、1944年8月3日、陸軍総司令部参謀総長グデーリアン上級大将の署名を得た。

　1944年型戦車師団編成定数Panzer-Division 44は次のとおりである。

　本部、戦車連隊（Panzer-Regiment）1個、機甲擲弾兵連隊（Panzer-Grenadier-Regiment）2個、機甲砲兵連隊（Panzer-Artillerie-Regiment）1個、駆逐戦車（戦車猟兵）大隊（Panzer-Jäger-Abteilung）1個、機甲偵察大隊（Panzer-Aufklärungs-Abteilung）1個、陸軍高射砲兵大隊（Heeres-Flak-Artillerie-Abteilung）1個、野戦補充大隊（Felders.-Btl.）1個、機甲通信大隊（Panzer-Nachr.-Abteilung）1個、機甲工兵大隊（Panzer-Pionier.-Btl.）1個、自動車輸送（補給）大隊（Nachsch.-Tr.）1個、車両修理大隊（Kf.Park-Tr.）1個、主計大隊（Verwalt.Tr.）1個、衛生大隊（San.-Tr.）1個、野戦郵便隊（Feldpost）1個。

　師団本部は配下に次の部隊を擁する。
本部中隊1個（機関銃小隊1個（重機関銃4挺と軽機関銃6挺）、オートバイ小隊1個（サイドカー付オートバイ6台、軽機関銃6挺）、高射砲小隊1個（半装軌式牽引車Sd.Kfz.10に20mm高射砲Flak38を搭載したSd.Kfz.10/5対空自走砲4両））、地図測量中隊1個、野戦憲兵中隊1個（軽機関銃2挺）。

　戦車連隊の編成は以下のようになっている。

　本部、本部中隊1個（パンター戦車3両、Ⅳ号戦車5両、37mm Ⅳ号対空戦車メーベルヴァーゲン小隊1個（8両））、戦車大隊2個（1個はⅣ号戦車、もう1個はⅤ号戦車パンターを装備）、修理中隊1個（戦車回収車ベルゲパンター 4両）。各戦車大隊の編成は、本部と補給中隊1個（軽機関銃5挺）、本部中隊（Ⅳ号戦車またはパンター戦

定数Panzer-Division 44（1944年8月3日採用）のドイツ国防軍戦車師団の編制

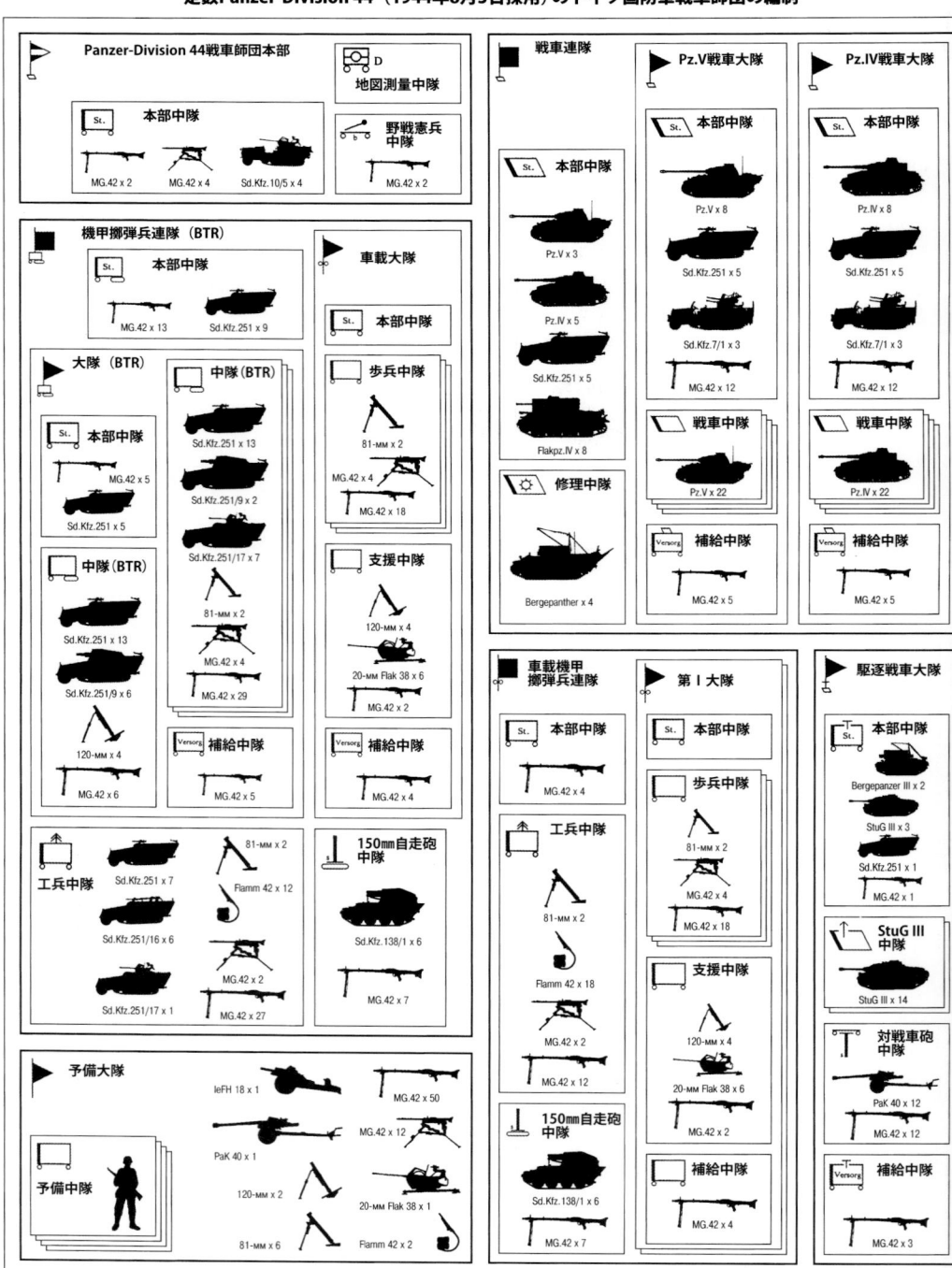

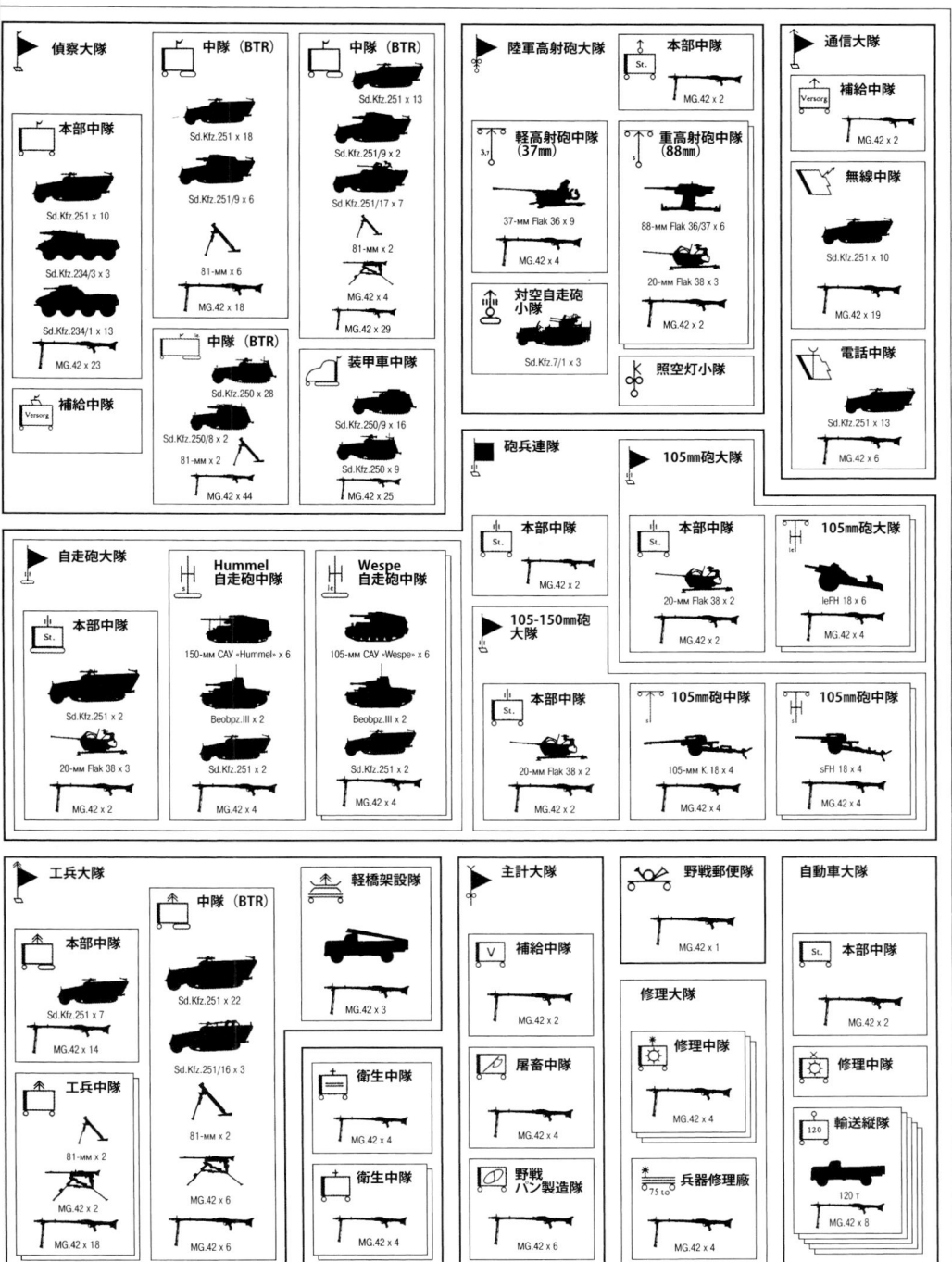

20・21：ベルリン南東のヴァンディッシュ・ブッフホルツ地区の包囲網下に遺棄された第20機甲擲弾兵師団第20砲兵連隊の火砲。写真21は105㎜榴弾砲leFH 18、写真20は150㎜榴弾砲sFH18。（ASKM）

車8両で、大隊により異なる）、Sd.Kfz.251装甲兵員輸送車5両、高射砲小隊1個（半装軌式牽引車Sd.Kfz.7搭載型4連装20㎜ Flak38高射砲3門、軽機関銃12挺）、常備中隊4個（各中隊戦車22両）、となっている。すなわち、編成定数Panzer-Divisiion 44の戦車師団戦車連隊には戦車200両と装甲兵員輸送車15両、各種対空自走砲14両、ベルゲパンター 4両、軽機関銃34挺が配備されていたことになる。

　2個の戦車師団機甲擲弾兵連隊の編成はそれぞれ異なる。

　トラック装備型連隊――本部と本部中隊（サイドカー付オートバイ4台、軽機関銃4挺）、4個中隊編成のトラック装備機甲擲弾兵大隊2個（各大隊は重機関銃12挺、軽機関銃60挺、120㎜迫撃砲4門、81㎜迫撃砲6門、20㎜ Flak38高射砲6門で武装）、トラック装備工兵中隊1個（重機関銃2挺、軽機関銃12挺、81㎜迫撃砲2門、火焰放射器18挺）、重歩兵自走砲sIG 33大隊1個（38（t）戦車ベースSd.Kfz.138/1グリレ（《Grille》）6両、軽機関銃7挺）。

　もう1個の装甲兵員輸送車装備型連隊ははるかに強力である――本部（Sd.Kfz.251装甲兵員輸送車9両、軽機関銃2挺）、本部中隊（Sd.Kfz.251装甲兵員輸送車7両、サイドカー付オートバイ6台、軽機関銃14挺）、4個中隊編成の機甲擲弾兵大隊2個。

　このうち機甲擲弾兵大隊1個は装甲兵員輸送車で行動し、重機関銃12挺、軽機関銃103挺、120㎜迫撃砲4門、81㎜迫撃砲6門、Sd.Kfz.251装甲兵員輸送車90両（内12両は75㎜砲KwK37L/24搭載

Sd.Kfz.251/9シュトゥンメル（《Stummel》）、21両は20㎜砲KwK38搭載Sd.Kfz.251/17)を保有している。

　トラック装備のもう1個大隊には、重機関銃12挺、軽機関銃60挺、120㎜迫撃砲4門、81㎜迫撃砲6門、20㎜Flak38高射砲6門があった。このほか、機甲擲弾兵連隊の編成には工兵中隊1個が含まれ（装甲兵員輸送車装備小隊2個、重機関銃小隊1個、81㎜迫撃砲小隊1個、火焔放射隊1個；Sd.Kfz.251装甲兵員輸送車14両（内20㎜砲KwK38搭載Sd.Kfz.251/17が1両、火焔放射型Sd.Kfz.251/16が6両）、重機関銃2挺、軽機関銃27挺、火焔放射器12挺、81㎜迫撃砲2門）、さらに重歩兵自走砲sIG33中隊1個があった（38（t）戦車ベースSd.Kfz.138/1グリレ6両、軽機関銃7挺）。

　このように、機甲擲弾兵連隊2個には、Sd.Kfz.251装甲兵員輸送車の各種派生型113両と軽機関銃356挺、重機関銃52挺、120㎜迫撃砲16門、81㎜迫撃砲28門、20㎜Flak38高射砲18門、火焔放射器30挺、150㎜自走砲Sd.Kfz.138/1グリレ12両が配備されていたことになる。

　機甲砲兵連隊は本部と本部中隊（軽機関銃2挺）、互いに編成の異なる3個砲兵大隊からなっている。1個大隊は自走砲を装備し、本部と本部中隊（Sd.Kfz.251装甲兵員輸送車2両、20㎜Flak38高射砲3門、軽機関銃2挺）、150㎜自走砲フンメル中隊1個（6両）、105㎜自走砲ヴェスペ（《Wespe》）2個（各6両）を保有する。各砲兵中隊はこのほかに、Sd.Kfz.251装甲兵員輸送車2両とⅢ号戦車を

改造したⅢ号砲兵観測車（Beobpz.Ⅲ）を2両保有していた。

　もう1個大隊の編成は本部、本部中隊（20㎜ Flak38高射砲3門、軽機関銃2挺）、105㎜榴弾砲leFH 18を6門配備した砲兵中隊2個、第3大隊のそれは、本部と本部中隊（20㎜ Flak38高射砲3門、軽機関銃2挺）、各4門装備の砲兵中隊3個（内2個は150㎜榴弾砲sFH 18、残る1個は105㎜砲K.18.で武装）、となっている。さらに機甲砲兵連隊の各砲兵中隊には、砲射撃班の自衛用に軽機関銃4挺がそれぞれ配備されていた。

　機甲砲兵連隊には全部で、軽機関銃が40挺、20㎜高射砲Flak38が9門、150㎜榴弾砲sFH 18が8門、105㎜榴弾砲leFH18が12門、105㎜砲K.18.が4門、自走砲ヴェスペ及びフンメルが18両、Sd.Kfz.251装甲兵員輸送車が8両、Ⅲ号砲兵観測車が6両あったことになる。

　編成定数Panzer-Division 44の戦車師団は、多くの戦闘任務を単独で遂行する能力を持った非常に強力な機甲偵察大隊を擁していた。

　本部、本部中隊（Sd.Kfz.251装甲兵員輸送車10両、20㎜砲搭載Sd.Kfz.234/1装甲車13両、75㎜砲KwK51 L/24搭載Sd.Kfz.234/3装甲車3両、軽機関銃23挺）、Sd.Kfz.251装甲兵員輸送車中隊2個、Sd.Kfz.250装甲兵員輸送車中隊1個、装甲車中隊1個、補給中隊1個である。

　Sd.Kfz.251装甲兵員輸送車装備の偵察1個中隊の武装は、Sd.Kfz.251装甲兵員輸送車24両（内6両は75㎜砲KwK37 L/24搭載Sd.Kfz.251/9シュトゥンメル）、軽機関銃18挺、81㎜迫撃砲6門を数え、もう1個の中隊はSd.Kfz.251装甲兵員輸送車を13両、75㎜砲KwK37 L/24搭載Sd.Kfz.251/9シュトゥンメルを2両、さらに7両の20㎜砲KwK38搭載Sd.Kfz.251/17）、重機関銃4挺、軽機関銃29挺、81㎜迫撃砲2門を装備していた。

　Sd.Kfz.250装甲兵員輸送車中隊は30両のSd.Kfz.250（内2両は75㎜砲KwK37 L/24搭載Sd.Kfz.250/8）と軽機関銃44挺、81㎜迫撃砲2門を保有していた。

　装甲車中隊は（定数Panzer-Division 44ではこう呼ばれているが、装備は事実上装甲兵員輸送車だった）、Sd.Kfz.250装甲兵員輸送車25両（内16両は、Sd.Kfz.222装甲車の砲塔に20㎜砲KwK38を搭載した偵察型——Sd.Kfz.250/9）と軽機関銃25挺を持っている。編成定数Panzer-Division 44戦車師団の偵察大隊の武装は全部で、装甲兵員輸送車各種派生型111両（Sd.Kfz.250が55両、Sd.Kfz.251が56両）、Sd.Kfz.234装甲車16両、81㎜迫撃砲10門、重機関銃4挺、軽機関銃139挺を数えた。

　駆逐戦車（戦車猟兵）大隊の編成は以下のとおりである。

22：ブレスラウ市地区の路上に遺棄されていた装甲兵員輸送車Sd.Kfz.251。1945年3月。この車両には番号や識別章は皆無で、ナンバープレートさえなかった。（ASKM）

23：捕獲したドイツの装甲兵員輸送車Sd.Kfz.251/21（3連装20㎜機関砲MG151搭載）の上で談笑する赤軍兵。プラハ、1945年5月。同車は大型の帯状斑点の迷彩が施され、車体右舷には番号2が付いている。（ASKM）

22

23

本部、本部中隊（Ⅲ号突撃砲3両、Sd.Kfz.251装甲兵員輸送車1両、Ⅲ号戦車改造型戦車回収車（Bergepanzer Ⅲ）2両、軽機関銃1挺）、補給中隊1個（軽機関銃3挺）、機械牽引式75㎜ PaK40対戦車砲中隊1個（砲12門、軽機関銃12挺）、Ⅲ号突撃砲中隊2個（各14両）。

駆逐戦車（戦車猟兵）大隊にはⅢ号突撃砲31両、Sd.Kfz.251装甲兵員輸送車1両、Ⅲ号戦車回収車2両、75㎜ PaK40対戦車砲12門、軽機関銃16挺が配備されていた。

続いて陸軍高射砲兵大隊の陣容を見てみよう。

本部（軽機関銃2挺）、直径600㎜探照灯4基、Sd.Kfz.7/1対空自走砲小隊1個（4連装20㎜ Flak38高射砲搭載Sd.Kfz.7牽引車3両）、軽高射砲中隊1個（牽引式37㎜ Flak36軽高射砲9門、軽機関銃4挺）、重高射砲中隊2個（88㎜ Flak36/37高射砲各6門、88㎜砲護衛用の20㎜ Flak38高射砲各3門、軽機関銃各2挺）。高射砲大隊の武装は合計で88㎜ Flak36/37高射砲12門、37㎜ Flak36砲9門、20㎜ Flak38砲6門、Sd.Kfz.7/1対空自走砲3両、軽機関銃10挺を数えた。

機甲工兵大隊は次の編成となっていた。

本部（軽機関銃2挺）、本部中隊（Sd.Kfz.251装甲兵員輸送車7両、軽機関銃12挺）、軽橋架設営隊1個（軽機関銃3挺）、工兵中隊3個（1個中隊は装甲兵員輸送車備で、3両の火焔放射型Sd.Kfz.251/16を含むSd.Kfz.251装甲兵員輸送車25両と重機関銃6挺、軽機関銃6挺、81㎜迫撃砲2門を保有、他の2個中隊は車載型で、重機関銃各2挺、軽機関銃各18挺、81㎜迫撃砲各2門を装備）。編成定数Panzer-Division 44戦車師団の機甲工兵大隊全体では、Sd.Kfz.251装甲兵員輸送車32両（工兵型のSd.Kfz.251/7数両を含む）、軽機関銃59挺、重機関銃10挺、81㎜迫撃砲6門を保有していた。

機甲通信大隊の編成は、本部と管理中隊（軽機関銃2挺）と通信中隊2個（無線中隊はSd.Kfz.251装甲兵員輸送車10両と軽機関銃19挺、電話中隊はSd.Kfz.251を13両と軽機関銃6挺を保有）からなり、全部でSd.Kfz.251装甲兵員輸送車23両と軽機関銃27挺を持っていた。無線中隊と電話中隊にはSd.Kfz.251だけでなく、無線中継装置2基搭載の無線型Sd.Kfz.251/3と電話ケーブル敷設用装甲輸送車Sd.Kfz.251/11が配備されていた。

野戦補充大隊は、軽機関銃50挺、重機関銃12挺、81㎜迫撃砲6門、120㎜迫撃砲2門、75㎜ PaK40対戦車砲1門、20㎜ Flak38高射砲1門、火焔放射器2挺、105㎜ leFH 18榴弾砲1門を予備兵器として保有し、新着補充部隊の訓練に携わった。

補給輸送体制を安定維持するため、編成定数Panzer-Division 44の戦車師団内には自動車大隊があった。その編成は、本部（軽機関銃2挺）、修理中隊1個、積載量各120t級輸送段列5個からなる。各輸送段列は1.5t、3t、4t、5t、8tクラスのトラック数十台を擁し、

24：東ポメラニア（オストポンメルン）で赤軍部隊に鹵獲された兵器輸送段列。1945年2月。無蓋貨車には2両の105㎜軽自走榴弾砲Sd.Kfz.124ヴェスペ（《Wespe》）が見える。両方とも黄の地色に緑の斑点の迷彩を施されている。車体番号はない。（ASKM）

1回に120tの貨物を輸送し、8挺の軽機関銃で自衛していた。

　編成定数Panzer-Division 44の戦車師団はこれほど大量かつ多種類の兵器の修理を保障すべく、車両修理大隊1個を持っていた。

　3個工場中隊（各4挺の軽機関銃）、車両補充中隊1個（軽機関銃4挺）。

　戦車師団にはさらに自動車化中隊3個（軽機関銃各4挺）からなる衛生大隊1個、管理中隊と自動車化野戦パン製造隊と自動車化屠畜中隊を持つ主計大隊1個があった（各中隊は軽機関銃4挺保有）。さらに1挺の軽機関銃を装備する師団野戦郵便隊があった。

　1944年型編成定数のドイツ戦車師団の装備は以下の通り集計される。

　戦車200両、突撃砲及び自走砲61両、砲兵前進観測車6両、戦車回収車6両、対空自走砲21両（内8両は戦車車台）、装甲兵員輸送車303両、装甲車16両、オートバイ16台、軽機関銃818挺、重機関銃82挺、火焔放射器32挺、120㎜迫撃砲18門、81㎜迫撃砲50門、20㎜ Flak38高射砲34門、37㎜ Flak36高射砲9門、75㎜ PaK40対戦車砲13門、88㎜ Flak36/37高射砲12門、105㎜ K.18砲4門、105mm leFH 18榴弾砲13門、150mm sFH 18榴弾砲8門。

　このように、編成定数Panzer-Division 44の戦車師団は極めて強力な戦闘単位であり、多くの戦闘任務を遂行する能力を有していた。上記のデータから明らかな通り、戦車師団が保有する装甲車両兵器は600両、火砲及び迫撃砲は161門、機関銃は900挺に達した。

25：ブルク市地区でソ連第1ベロルシア方面軍第3軍部隊が鹵獲した装甲兵員輸送車火焔放射型Sd.Kfz.251/16の上に立つ赤軍将校。1945年5月。写真奥には偵察装甲車Sd.Kfz.222が見える。（ASKM）

装備及び兵器の不足

　当時ドイツ国防軍が擁していたすべての戦車師団は、1944年の秋から冬にかけて編成定数Panzer-Division 44にしたがって再編成のプロセスを経た。しかし、独ソ戦線でドイツ軍部隊が蒙った損害が大きかったことから、1944年型編成定数に移行したドイツ戦車師団は装備と兵器が大きく不足することになった。

　ドイツ軍司令部はこのような情勢下、戦車師団の編成にいくつかの修正をする必要に迫られた。例えば、1944年11月1日付陸軍総司令部訓令により、戦車連隊の中隊には、不足していたⅣ号戦車とパンター戦車の代わりに自走砲Pz.Ⅳ/70を配備することが許可された。また、戦車配備数を17両や14両、または10両に縮小した中隊で大隊を編成することも想定された。しかし、1945年初頭のドイツ軍の損害が甚大だったため、これらの編成定数は見直さざるを得なくなった。

　そして、1945年3月25日に機甲兵総監と陸軍総司令部参謀本部は、グデーリアン大将の署名を得た1945年型戦車師団の基本編成（Grundgliederung der Panzer-Division 45）に関する指令を発した。
「1. 1945年式型戦車師団の基本編成（Grundgliederung der Panzer-Division 45）は即刻、すべての野戦陸軍戦車師団並びに機甲擲弾兵師団に対して効力を発する。……
2. 戦車並びに機甲擲弾兵師団はその現有人員、兵器、装備をもって、1945年型戦車師団基本編成に則して再編成されねばならない。人員、兵器、装備が1945年型戦車師団基本編成にはるかに少ない師団は、一時的に戦闘団（Kampfgruppe）に改編される。……
　すべての追加部隊については個別に指令が出される。従前より活

26：ベルリン市内の路上に乗員が遺棄した装甲運転台付sWS半装軌式牽引車。1945年4月。車体には幅広の帯を引いた迷彩が認められる。（ASKM）

動中の特別な部隊（教導教育、予備部隊など：著者注）は、第232戦車野戦教育師団（232.Panzer-Feld-Ausbildungs-Division）用に残る。

3. 現行K.St.N.（Kriegsstärkennachweisungen:戦力定数指標）のリストと新しいK.St.N.の写し、要員及び兵器、装備に関する最終数値は機甲兵総監より与えられる。

4. 西部戦線司令部（Ob.West）と軍集団（Heeresgruppen）は各々、配属予定の戦車並びに機甲擲弾兵師団の再編成に関する連絡を、1945年5月1日に陸軍総司令部参謀本部機甲兵総監局（OKH/GenStdH/Ogr.Abt)に行うこと」

編成定数Panzer-Division 45の戦車師団は、編成定数Panzer-Division 44の戦車師団と同じ部隊をやや形を変えながら保有していたが、明らかに弱体化した。

1945年型戦車師団（Panzer-Division 45）の編成を見てみよう。

本部（軽機関銃2挺）、地図測量中隊1個、本部中隊（機関銃小隊1個（重機関銃2挺、軽機関銃6挺）、オートバイ小隊1個（サイドカー付オートバイ6台、軽機関銃6挺）、高射砲小隊1個（20㎜ Flak38

高射砲搭載半装軌式牽引車Sd.Kfz.10のSd.Kfz.10/5対空自走砲4両））、野戦憲兵中隊1個（軽機関銃5挺）。

　Panzer-Division 44戦車師団と異なり、戦車連隊の代わりに混成戦車連隊（戦車集団と呼ばれることもある）が導入された。これは、パンター戦車2両とSd.Kfz.251装甲兵員輸送車6両（内2両は75mm PaK40対戦車砲搭載Sd.Kfz.251/22）を持つ本部と、装甲兵員輸送車大隊、戦車大隊各1個からなる。

　装甲兵員輸送車大隊の編成は次のとおり。

　本部（Sd.Kfz.251が2両）、補給中隊1個、本部中隊（75mm PaK40対戦車砲搭載Sd.Kfz.251/22が6両と軽機関銃1挺）、Sd.Kfz.251を各10両（内3両は3連装20mm機関砲MG151搭載のSd.Kfz.251/21）装備した装甲兵員輸送車中隊3個。このように、大隊全体ではSd.Kfz.251の各種派生型を38両保有していた。

　戦車大隊は以下のような編成であった。

　本部（パンター戦車またはIV号戦車が2両、軽機関銃1挺）、補給中隊1個（軽機関銃3挺）、本部中隊（工兵小隊1個、軽機関銃12挺）、修理中隊1個（ベルゲパンター戦車回収車2両）、高射砲中隊1個（37mm砲搭載IV号対空戦車小隊1個（8両）、4連装20mm Flak38高射砲搭載半装軌式牽引車Sd.Kfz.7/1小隊1個（3両と軽機関銃8挺）、パンター戦車中隊及びIV号戦車中隊各2個（各中隊に戦車10両配備、戦車の代わりにIV号駆逐戦車70型の配備も可）。

　Panzer-Division 45戦車師団混成戦車連隊の武装は、パンター戦車及びIV号戦車42両、戦車回収車2両、対空自走砲11両、装甲兵員輸送車44両、軽機関銃100挺を数えた。

　Panzer-Division 45戦車師団の機甲擲弾兵連隊2個は同一編成であった。

　本部、管理中隊（軽機関銃3挺）、本部中隊（通信小隊1個、サイドカー付オートバイ4台と軽機関銃4挺のオートバイ小隊1個）、機甲擲弾兵大隊2個（各5個中隊編成）、トラック装備工兵中隊1個（軽機関銃9挺）、牽引式重歩兵砲中隊1個（150mm sIG 33重砲兵砲4門、軽機関銃2挺）。

　1個連隊は全部で、重機関銃16挺、軽機関銃110挺、120mm迫撃砲8門、81mm迫撃砲16門、20mm牽引式Flak38高射砲12門、150mm sIG 33歩兵砲4門を保有していた。さらに、連隊の武装に携行型対戦車ロケットランチャーRPz.b.54/1が全部で36基配備された。

　Panzer-Division 45戦車師団の機甲偵察大隊は、Panzer-Division 44の編成定数に比べてはるかに弱い。その編成は次のとおり。

　本部（20mm Flak38高射砲1門、軽機関銃1挺）、補給中隊1個（軽機関銃1挺）、トラック装備偵察中隊2個（重機関銃各4挺、軽機関銃各9挺、81mm迫撃砲各2門）、装甲車中隊1個（75mm砲KwK37

27：ブダペスト郊外の戦闘時に遺棄されたⅢ号火焔放射戦車（Pz.Ⅲ (Flamm)）。1945年2月。同車の迷彩は2色からなり、車体番号と十字章はない（番号61はソ連軍戦利品管理隊が記した）。砲塔と砲身には火焔放射器のワイヤー製照準器が付いている。この戦車は第351火焔放射戦車中隊に所属していた。（ASKM）

L/24搭載Sd.Kfz.250/8装甲兵員輸送車10両、砲塔に20mm砲を装着したSd.Kfz.250/9装甲兵員輸送車8両、3連装20mm機関砲MG151搭載Sd.Kfz.251/21装甲兵員輸送車3両の計21両、軽機関銃18挺）。大隊の武装は合計で、装甲兵員輸送車21両、20mm Flak38高射砲1門、重機関銃8挺、軽機関銃38挺、81mm迫撃砲4門を数えた。

　機甲工兵大隊は本部（軽機関銃9挺）とトラック装備本部中隊（架橋資材、軽機関銃4挺）、装甲輸送車中隊1個（Sd.Kfz.251装甲兵員輸送車10両、重機関銃2挺、軽機関銃19挺）、トラック装備工兵中隊2個（重機関銃各2挺、軽機関銃各18挺、81mm迫撃砲各2門）から編成される。機甲工兵大隊の武装は、装甲兵員輸送車10両、重機関銃6挺、軽機関銃68挺、81mm迫撃砲4門である。

　Panzer-Division 45型戦車師団の駆逐戦車（戦車猟兵）大隊は、突撃砲の代わりにⅣ号駆逐戦車または駆逐戦車ヘッツァーを受領し、その編成は、本部と本部中隊（自走砲2両とSd.Kfz.251装甲兵員輸送車1両、Ⅳ号またはヘッツァー戦車回収車2両、軽機関銃1挺）、管理中隊（軽機関銃4挺）、装甲兵員輸送車中隊1個（75mm PaK40対戦車砲搭載Sd.Kfz.251/22が9両、Sd.Kfz.251装甲兵員輸送車が1両、軽機関銃が1挺）、駆逐戦車中隊2個（駆逐戦車各10両、軽機関銃10挺で武装した随伴歩兵小隊各1個）である。大隊の武装を合計すると、駆逐戦車22両、装甲兵員輸送車11両、戦車回収車2両、

軽機関銃26挺となる。

　修理大隊は修理中隊2個（軽機関銃各2挺）と車両補充中隊からなり、衛生大隊は自動車化衛生中隊2個（軽機関銃各2挺）のみであった。自動車輸送大隊は本部と本部中隊（軽機関銃2挺）、修理中隊1個（軽機関銃2挺）、積載能力各30tの輸送段列3個（軽機関銃各2挺）、積載能力各120tの輸送段列2個（軽機関銃各4挺）という編成になった。主計部門は大隊の代わりに主計中隊1個（軽機関銃3挺）を残すのみとなり、野戦郵便隊からは軽機関銃の武装がなくなり、野戦補充大隊からは75mm PaK40対戦車砲が外された。

　Panzer-Division 45型戦車師団の機甲砲兵連隊と陸軍高射砲兵大隊、機甲通信大隊は、Panzer-Division 44の定数のまま残された。

　このほか、Panzer-Division 45型戦車師団の編成には獣医中隊1個が導入された。これは、自動車と牽引車の不足から砲の輸送に馬の利用が想定されたことによるものだ。

　以上、Panzer-Division 型45戦車師団の武装は次のようになる。

　戦車42両、自走砲38両、砲兵前進観測車6両、戦車回収車4両、対空自走砲18両（内8両は戦車車台）、装甲兵員輸送車117両、オートバイ14台、軽機関銃589挺、重機関銃60挺、火焔放射器2挺、R.Pz.B.54/1対戦車ロケットランチャー72基、120mm迫撃砲18門、81mm迫撃砲46門、20mm Flak38高射砲41門、37mm Flak36高射砲9門、88mm Flak36/37高射砲12門、105mm K.18砲4門、105mm leFH 18榴弾砲13門、150mm sFH 18榴弾砲8門、150mm sIG 33重歩兵砲8門。

　1945年型戦車師団戦闘団（Kampfgruppe）は、Panzer-Division 45の縮小版といえる。戦闘団には機甲擲弾兵連隊（Panzer-Division 45と同様の編成）は1個のみ残り、機甲通信大隊の代わりに機甲通信中隊1個（Sd.Kfz.251装甲兵員輸送車7両、軽機関銃12挺）だけとなり、機甲偵察大隊はトラック装備偵察中隊が1個減らされた。自動車輸送大隊には30t級輸送段列3個と120t級段列1個だけ残された。

　機甲砲兵連隊の編成も変わった。その中身は、本部と本部中隊（軽機関銃2挺）、自走砲大隊及び牽引式砲兵大隊各1個となってしまった。自走砲大隊は本部と本部中隊（Sd.Kfz.251装甲兵員輸送車2両、20mm Flak38高射砲3門、軽機関銃2挺）、150mmフンメル自走砲中隊1個（6両）、105mmヴェスペ自走砲中隊2個（各6両）から編成された。このほか各自走砲中隊には、Sd.Kfz.251装甲兵員輸送車2両とIII号砲兵観測車が2両配備された。

　牽引式砲兵大隊は本部と本部中隊（20mm Flak38高射砲3門、軽機関銃2挺）、砲兵中隊3個から編成される。2個の砲兵中隊にはそれぞれ、105mm leFH 18榴弾砲6門と軽機関銃4挺が配備され、3個目の中隊には150mm sFH 18榴弾砲6門と軽機関銃4挺があった。戦

闘団（Kampfgruppe）の残る部隊の編成はPanzer-Division 45の定数のままとされた。

　戦車師団戦闘団の武装の合計は次のとおりとなる。

　戦車42両、自走砲38両、砲兵前進観測車6両、戦車回収車4両、対空自走砲18両（内8両は戦車車台）、装甲兵員輸送車93両、オートバイ10台、軽機関銃479挺、重機関銃44挺、火焔放射器2挺、R.Pz.B.54/1対戦車ロケットランチャー36基、120㎜迫撃砲10門、81㎜迫撃砲28門、20㎜ Flak38高射砲27門、37㎜ Flak36高射砲9門、88㎜ Flak36/37高射砲12門、105㎜ leFH 18榴弾砲13門、150㎜ sFH 18榴弾砲6門、150㎜ sIG 33重歩兵砲4門。

　ただし、ドイツ戦車師団が実際にPanzer-Division 45並びにKampfgruppe 45の編成定数に移行したかどうかの資料はあいにく入手できなかった。この再編成が1945年5月1日を目処に計画されていたことからして、それが実現された可能性は低い。

　以下、1945年に作戦行動をとっていたドイツ戦車師団を概観しよう。

28：ソ連第1ウクライナ方面軍第13軍部隊が破壊したドイツ軍の貨物自動車やSd.Kfz.251装甲兵員輸送車。1945年4月22日、シュプレンベルク地区で撮影。（ASKM）

29：ソ連軍砲兵に破壊されたⅤ号戦車G型パンター（Pz.Ⅴ Ausf.G《Panther》）。チェコスロヴァキア、1945年4月。ドイツ国防軍第1戦車軍の師団に所属していたようだ。この車両はツィンメリットが塗布され、側面の増加装甲板には幅広の帯状迷彩が見える。車体が黒ずみ、車長用キューポラがないことからして、同車は内部爆発を起こして全焼したものと思われる。（ASKM）

1935年～1944年編成の戦車師団

第1戦車師団（1.Panzer-Division）

　1935年10月15日に第5騎兵師団を基幹に編成された。

　1945年の1月から3月の間はブダペスト郊外で行動し、3月～4月はオーストリアで戦い、5月に入って師団残存部隊はオーストリア西部でアメリカ軍に降伏した。

■戦闘編成

　第1戦車連隊（Panzer-Regiment 1）、第1及び第113機甲擲弾兵連隊（Panzer-Grenadier-Regiments 1, 113）、第73砲兵連隊（Artillerie-Regiment 73）。

　1945年1月2日現在の第1戦車師団はパンター戦車10両、Ⅳ号戦車9両を保有。3月6日現在では、パンター戦車20両、Ⅳ号戦車30両、自走砲36～38両、装甲兵員輸送車25両以上を持っていた［注23］。3月15日までに損害は出していたものの、兵器の補充を受けた結果、パンター戦車は59両、Ⅳ号戦車は5両、突撃砲2両を数えた。ただし、80％に上る装甲兵器が故障していた。［注24］

第2戦車師団（2.Panzer-Division）

　1935年10月15日にヴュルツブルクで編成された。

　1945年は西部戦線のライン地区で行動していたが、5月にプラ

［注23］この数値には疑義がある。南方軍週報Ia/Id Nr.3 018/45geh. v.6.3.45によれば、パンター23両、Ⅳ号戦車5両、自走砲28両を装備していた。

［注24］このうち可動戦車はパンター戦車10両、Ⅳ号戦車3両、突撃砲1両に過ぎなかった。

ウエン市郊外でアメリカ軍に降伏した。
■戦闘編成
　第3戦車連隊（Panzer-Regiment 3）、第2及び第304機甲擲弾兵連隊（Panzer-Grenadier-Regiments 2, 304）、第74砲兵連隊（Artillerie-Regiment 74）。[注25]

第3戦車師団（3.Panzer-Division）

　1935年10月15日にヴュンスドルフ（ベルリン）で編成。
　1945年の1月から3月の間はブダペスト郊外で戦い、その後は戦闘の舞台をオーストリアに移した。5月初頭に師団の一部がアメリカ軍に、残る部隊はオーストリア北部のシュタイアー市近郊でソ連軍にそれぞれ降伏した。
■戦闘編成
　第6戦車連隊（Panzer-Regiment 6）、第3及び第394機甲擲弾兵連隊（Panzer-Grenadier-Regiments 3, 394）、第75砲兵連隊（Artillerie-Regiment 75）。
　1945年1月2日現在の第3戦車師団はパンター戦車25両、Ⅳ号駆逐戦車を7両保有。3月6日現在では、パンター戦車30両、Ⅳ号戦車20両、自走砲50両、装甲兵員輸送車20両を持っていた[注26]。戦闘の過程で損害はあったものの補充を受けていき、3月15日現在はパンター戦車を39両、Ⅳ号戦車は14両、突撃砲7両、Ⅳ号駆逐戦車は11両であった。しかし、これらの車両のうち可動状態にあったのはわずか21両だった[注27]。4月1日の時点で師団内に残ったのは、戦車5両、自走砲4両、装甲兵員輸送車8両のみである。

第4戦車師団（4.Panzer-Division）

　1938年11月10日、ヴュルツブルクにて編成。
　1944年12月26日から1945年1月8日まではクーアラントで戦い、その後に後方にへ移された。1月19日に兵器の一部をクーアラント防衛部隊の第12及び第14戦車師団に引き渡し、海路ダンツィヒに転進した。1月26日からはブィドゴシチ郊外で戦い、その後トゥホーリに後退した。3月28日から30日の間、第4戦車師団残存部隊はダンツィヒ攻防戦に参加し、大きな損害を出す。4月初頭に師団残存部隊はシュトゥットホフ地区（ヴィッスラ河河口）に撤退し、そこで1945年5月8日、ソ連軍部隊に降伏した。
■戦闘編成
　第35戦車連隊（Panzer-Regiment 35）、第12及び第33機甲擲弾兵連隊（Panzer-Grenadier-Regiments 12, 33）、第103砲兵連隊（Artillerie-Regiment 103）、第49戦車猟兵大隊（Panzer-Jäger-Abteilung 49）。

[注25] 1945年3月15日現在の第2戦車師団は、パンター35両、Ⅳ号戦車6両、Ⅳ号駆逐戦車7両、突撃砲11両、対空戦車10両を装備していた。なお、可動戦車はパンター8両、Ⅳ号戦車2両、Ⅳ号駆逐戦車4両、突撃砲2両、対空戦車5両であった。
[注26] この数値には疑義がある。南方軍週報Ia/Id Nr.3 018/45geh. v.6.3.45によれば、パンター22両、Ⅳ号戦車12両、駆逐戦車13両、突撃砲2両、自走砲49両を装備していた。
[注27] 可動戦車の内訳はパンター13両、Ⅳ号戦車4両、Ⅳ号駆逐戦車2両、突撃砲2両である。

1945年1月19日に第4戦車師団はクーアラントから去る際に他部隊に、パンター戦車41両、Ⅳ号戦車32両、150mm自走砲グリレ（Sd.Kfz.138/1）1両を譲渡［注28］。1月24日現在の第4戦車師団にはⅣ号戦車29両、Ⅱ号L型偵察戦車ルクス（Pz.Ⅱ Ausf.L《Luchs》）16両、Ⅳ号突撃砲14両、それに50両以上の装甲兵員輸送車と20両に上るSd.Kfz.234装甲車の各種派生型があった。3月1日現在のデータは、パンター戦車13両、Ⅳ号戦車13両、Ⅳ号突撃砲3両、ヤークトパンター駆逐戦車6両、Ⅳ号駆逐戦車70型4両を数えている［注29］。しかし3月19日になると、パンター戦車は6両、Ⅳ号戦車は1両、Ⅳ号突撃砲も1両、ヤークトパンター駆逐戦車2両とⅣ号駆逐戦車70型が各1両にまで減っている［注30］。ダンツィヒ攻防戦の過程で第4戦車師団は甚大な損害を出し、ダンツィヒ市内に駐屯していた教導部隊の一つからⅢ号戦車とⅣ号戦車の補充を受けた。それでも兵器の不足に悩み、1945年3月末はソ連軍から捕獲した戦車や自走砲も使用した。

第5戦車師団（5.Panzer-Division）

1938年11月24日、オッペルンにて編成。

1945年初頭は東プロイセン部隊の予備としてインスターブルク近郊に待機し、1月14日に戦闘に投入された。プレーゲル河沿いに行動し、ケーニヒスベルクへ後退していった。4月初頭にはケーニヒスベルク攻防戦に参加し、それからザームラント半島とピーラウ市に移った。師団残存部隊は5月8日にフリッシュ砂嘴で降伏した。

■戦闘編成

第31戦車連隊（Panzer-Regiment 31）、第13及び第14機甲擲弾兵連隊（Panzer-Grenadier-Regiments 13, 14）、第116砲兵連隊（Artillerie-Regiment 116）。

1945年1月初頭の第5戦車師団はパンター戦車40両以上、それに約60両のⅣ号戦車とⅣ号対空戦車数両を保有していた［注31］。しかし3月15日現在の同師団には、Ⅳ号戦車17両とⅣ号駆逐戦車70型14両、突撃砲3両しか残っていなかった［注32］。

第6戦車師団（6.Panzer-Division）

1939年10月18日、ヴッパータールで第1軽師団を基幹にして編成される。

1945年1月〜3月はブダペスト郊外で戦い、4月はオーストリアに転戦し、ウィーン防衛戦に参加。4月末に同師団はチェコスロヴァキアに移動したが、5月8日にタボール市地区でソ連軍部隊に降伏。

■戦闘編成

[注28]この他に75mm Pak自走砲11両、牽引式75mm Pak8門、105mm軽榴弾砲13門、150mm重榴弾砲8門、装甲兵員輸送車・偵察装甲車ほか300両が残され、以後のクーアラント会戦における重火器のバックボーンとなった。
[注29]この他にⅢ号戦車3両、装甲兵員輸送車・偵察装甲車230両を装備していた。
[注30]第4戦車師団の日誌による。
[注31]このうち1945年1月1日現在の稼動数は、パンター40両、Ⅳ号戦車32両であった。
[注32]事実誤認であり、パンター14両、Ⅳ号戦車17両、突撃砲5両の誤りである。なお、可動戦車はパンター11両、Ⅳ号戦車13両、突撃砲3両であった。

30：ダンツィヒ郊外に遺棄されていた、運転台が木造"エアザッツ"("代用")の装軌式牽引車ラウペンシュレッパー・オスト(Raupenschlepper Ost：RSO)。同車は第4戦車師団の戦車猟兵大隊の所属車両で75㎜ PaK40対戦車砲の牽引車として使用された。運転席のドアには同車の性能表(制式名称、重量、積載能力、その他)が見える。このような性能表は、機器の橋梁通過や鉄道輸送の作業を円滑化するために1943年にドイツ国防軍内で導入されたものだ。(ASKM)

第11戦車連隊（Panzer-Regiment 11）、第4及び第114機甲擲弾兵連隊（Panzer-Grenadier-Regiments 4, 114）、第76砲兵連隊（Artillerie-Regiment 76）。

1945年1月5日現在、第6戦車師団はパンター戦車45両、Ⅳ号戦車5両を保有。3月15日現在のデータは、パンター戦車68両（可動車両は19両）、Ⅳ号戦車22両（可動車両は4両）、Ⅳ号対空戦車5両となっている。[注33]

第7戦車師団（7.Panzer-Division）

1939年10月18日、ゲラで第2軽師団を基幹として編成。

1944年末から1945年1月半ばまでは中央軍集団の予備兵力としてプールトゥスク西方に待機し、1月15日に戦闘に参加、ソ連第3ベロルシア方面軍と戦った。1月末は東プロイセンのエルビングにあり、その後は東ポメラニア（オストポンメルン）に移された。2月10日からはホイニッツェ地区でソ連軍攻勢部隊と戦い、それからノーエンドルフ、ラウエンブルクへと後退していった。しかし、1945年3月28日にグディーニャで壊滅し、残存兵員は海路ドイツへ脱出した。5月初めにドイツ北部のシュヴェリーン市近郊でイギリス軍部隊に降伏した。

■戦闘編成

[注33] 対空戦車の可動数は3両である。

31

32

31：ダンツィヒ防衛戦の中で遺棄されたIII号H型戦車（Pz.III Ausf. H）。1945年3月。この車両はダンツィヒに駐屯していた補充および教育部隊のひとつに所属し、前線の接近に際して第4戦車師団に編入された。同車の迷彩は冬季用で、車体番号と十字章はない。（ASKM）

32：ダンツィヒの市街戦の最中に遺棄されたIII号指揮戦車Sd.Kfz.141（Panzerbefelswagen III　）。1945年3月。基礎迷彩の上の白の冬季塗装の跡が見える。同車は第4戦車師団本部の所属車両のようだ。（ASKM）

第25戦車連隊（Panzer-Regiment 25）、第6及び第7機甲擲弾兵連隊（Panzer-Grenadier-Regiments 6, 7）、第78砲兵連隊（Artillerie-Regiment 78）、第42戦車猟兵大隊（Panzer-Jäger-Abteilung 42）。

1944年末に第7戦車師団はパンター戦車36両、IV号対空戦車1両の補充を受け、さらに1945年2月8日は17両のIV号駆逐戦車70型を受領している。3月15日現在の同師団には、パンター戦車9両、IV号戦車2両、突撃砲8両、IV号駆逐戦車70型10両があった［注34］。1945年4月14日、機甲兵総監は第7戦車師団にヴュンスドルフとグラーフェンヴェーアからパンター戦車14両を送り、さらにニーベルンゲン＝ヴェルケ（Nibelungen-Werke）社製のIV号戦車20両を補充するよう命令した。この命令を遂行すべく、赤外線暗視装置を装備していた第11戦車連隊第4中隊は1945年4月17日、鉄道でヴュンスドルフからノイストレリッツ（Neustrelitz）に移駐し、第25戦車連隊へ配属された。1945年4月19日に第7戦車師団は、パンター戦車10両とIV号戦車13両を持つ戦車大隊1個を補充された。［注35］

第8戦車師団（8.Panzer-Division）

1939年10月16日、コットブスで第3軽師団を基幹として編成された。

1945年1月初頭から2月初頭まではブダペスト郊外で行動し、3月に中央軍集団に編入された。1945年5月にチェコスロヴァキアのブルノー市地区でソ連軍部隊に降伏した。

■戦闘編成

第10戦車連隊（Panzer-Regiment 10）、第8及び第28機甲擲弾兵連隊（Panzer-Grenadier-Regiments 8, 28）、第80砲兵連隊（Artillerie-Regiment 80）、第43戦車猟兵大隊（Panzer-Jäger-Abteilung 43）。

1945年1月2日現在、第8戦車師団はパンター戦車17両、IV号戦車4両、ヘッツァー駆逐戦車8両を保有していた。［注36］

第9戦車師団（9.Panzer-Division）

1940年1月3日、第4軽師団を基幹として編成。

1944年12月はアルデンヌで、1945年2月〜3月はアイフェル地区、そしてルール地方で行動した。1945年5月に師団残存部隊はアメリカ軍に降伏。

■戦闘編成

第33戦車連隊（Panzer-Regiment 33）、第10及び第11機甲擲弾兵連隊（Panzer-Grenadier-Regiments 10, 11）、第102砲兵連隊（Artillerie-Regiment 102）、第50戦車猟兵大隊（Panzer-Jäger-Abteilung 50）。［注37］

［注34］このうち可動数は、パンター5両、IV号戦車1両、突撃砲5両、IV号駆逐戦車70型6両であった。
［注35］事実誤認である。1945年4月19日現在の第7戦車師団戦闘団の装甲兵力は、第25戦車連隊の残存戦力であるパンター戦車10両とIV号戦車13両からなる1個混合戦車大隊のみ有していた。
［注36］1945年3月15日現在の第8戦車師団は、パンター10両、IV号戦車42両、IV号駆逐戦車30両を装備していた。なお、可動戦車はパンター9両、IV号戦車11両、IV号駆逐戦車6両であった。
［注37］1945年3月15日現在の第9戦車師団は、パンター18両、IV号戦車5両、IV号駆逐戦車8両、突撃砲2両、対空戦車4両を装備していた。なお、可動戦車はパンター10両、IV号戦車1両、IV号駆逐戦車3両、突撃砲2両であった。

33・34：東プロイセンのピーラウ港地区でソ連軍砲兵に撃破されたドイツ第5戦車師団の150mm重自走榴弾砲Sd.Kfz.165フンメル《Hummel》）。1945年4月。どちらも白い冬季迷彩色に塗られている。（ASKM）

　1945年4月7日に第9戦車師団は、4月11日までにパンター戦車2個中隊（各10両）とⅣ号戦車中隊（10両）からなる第33戦車連隊第1大隊を用いて戦闘団（Kampfgruppe）を編成せよとの命令を受領した。

　4月9日には、壊滅した戦車中隊と駆逐戦車中隊の残存兵力をもって第33戦車連隊第2大隊を編成する命令を受領。第2大隊は、第116戦車師団戦闘団（Kampfgruppe 116）の戦車中隊1個とヘッツァー駆逐戦車中隊1個、Ⅲ号突撃砲中隊1個、Ⅳ号駆逐戦車70型10両を持つ1個中隊から編成された。1945年4月17日に第33戦車連隊第2大隊は、フォマーク（Vomag）社の工場からⅣ号駆逐戦車70（V）型10両を受領して編成作業を完了させるべく、プラウエンに移駐した。

第10戦車師団（10.Panzer-Division）

　1939年4月、プラハで編成された。
　北アフリカで行動していたが、1943年5月に全滅。この番号の戦車師団は以後編成されていない。

［注38］1945年3月15日現在の第11戦車師団は、パンター33両、Ⅳ号戦車17両、突撃砲6両、対空戦車11両を装備していた。なお、可動戦車はパンター14両、Ⅳ号戦車4両、突撃砲2両、対空戦車4両であった。
［注39］パンターは配属されておらず、63両すべてがⅣ号戦車であった。なお、可動戦車はⅣ号戦車56両、突撃砲4両であった。

第11戦車師団（11.Panzer-Division）

1940年8月1日編成。1944年末からアルデンヌで行動し、1945年3月はレマーゲン近郊で戦ったが、1945年5月にバヴァリアでアメリカ軍に降伏した。

■戦闘編成

第15戦車連隊（Panzer-Regiment 15）、第110及び第111機甲擲弾兵連隊（Panzer-Grenadier-Regiments 110, 111）、第119砲兵連隊（Artillerie-Regiment 119）。［注38］

第12戦車師団（12.Panzer-Division）

1940年10月5日、シュテッティンで第2自動車化歩兵師団を基幹として編成された。

1944年末から終戦までクーアラントで活動。1945年5月11日にソ連軍部隊に降伏。

■戦闘編成

第29戦車連隊（Panzer-Regiment 29）、第5及び第25機甲擲弾兵連隊（Panzer-Grenadier-Regiments 5, 25）、第2砲兵連隊（Artillerie-Regiment 2）。

1945年3月15日現在、第12戦車師団には突撃砲5両とパンター及びⅣ号戦車が63両あった。［注39］

34

第13戦車師団 （13.Panzer-Division）

1940年10月11日、ウィーン郊外で編成。

1944年12月にブダペストに包囲され、そこで1945年初頭に殲滅された。1945年3月初めに再び編成されるが、その後フェルトヘルンハレ第Ⅱ戦車師団（《Feldherrnhalle Ⅱ》）に改称される。[注40]

■戦闘編成

第4戦車連隊（Panzer-Regiment 4）、第66及び第93機甲擲弾兵連隊（Panzer-Grenadier-Regiments 66, 93）、第13砲兵連隊（Artillerie-Regiment 13）。

第14戦車師団 （14.Panzer-Division）

1940年8月15日、第4歩兵師団を基幹として編成。

1944年末からクーアラントで戦い、1945年5月11日にソ連軍部隊に降伏。

■戦闘編成

第36戦車連隊（Panzer-Regiment 36）、第103及び第108機甲擲弾兵連隊（Panzer-Grenadier-Regiments 103, 108）、第4砲兵連隊（Artillerie-Regiment 4）。[注41]

1945年5月5日現在、第14戦車師団はパンター戦車36両と突撃砲17両、Ⅳ号対空戦車1両を保有していた。

[注40] 正式名称は戦車師団"フェルトヘルンハレ2"である。

[注41] 1945年3月15日現在の第14戦車師団は、パンター36両、突撃砲17両、対空戦車2両を装備していた。なお、可動戦車はパンター28両、突撃砲15両、対空戦車2両であった。

35：ダンツィヒの市街戦で撃破された第4戦車師団所属のSd.Kfz.251装甲兵員輸送車。1945年3月。車体側面の大きな孔は、砲弾の直撃を受けた痕だろう。（ASKM）

36：戦闘中に乗員が遺棄した150mmロケット砲Panzerwerfer 42。東プロイセン、1945年3月。これらの車両は第11ロケット砲旅団に所属していたものと思われる。同旅団残存部隊は1945年4月に第5戦車師団に編入された。どちらにも基礎迷彩の上に残る白の冬季塗装の跡がある。（ASKM）

［注42］1945年2月26日に戦車師団"ユターボク"が第16戦車師団の再編成に利用されることとなった。戦車師団"ユターボク"は、パンター10両、突撃砲20両を有する戦車大隊とヘッツァー21両を装備する戦車猟兵大隊"ユターボク"を有していた。そして、パンター7両が3月3日、突撃砲およびヘッツァー31両が3月4日に輸送された。

第15戦車師団（15.Panzer-Division）

1940年11月1日、第33歩兵師団を基幹に編成。

北アフリカで行動していたが、1943年5月に壊滅。1943年夏、師団残存部隊は第15機甲擲弾兵師団に再編成される。この番号の戦車師団は以後編成されなかった。

第16戦車師団（16.Panzer-Division）

1940年11月1日、第27歩兵師団を基幹として編成。

1945年2月初頭、第16戦車師団の一部を基幹にユターボク戦車師団が編成され、2月26日に第16戦車師団の編成に組み込まれた。

1945年3月初めから中央軍集団の部隊として行動し、4月中旬はモラーフスカ・オストロヴァー市の南方で戦い、その後西方に後退した。1945年5月11日に一部がソ連軍部隊に、他の一部はアメリカ軍部隊に降伏。

■戦闘編成

第2戦車連隊（Panzer-Regiment 2）、第64及び第79機甲擲弾兵連隊（Panzer-Grenadier-Regiments 64, 79）、第16砲兵連隊（Artillerie-Regiment 16）。

1945年2月18日にパンター戦車8両を、また2月23日はⅣ号駆逐戦車70型10両を補充された。第16戦車師団の編成にはユターボク戦車師団のパンター戦車10両、Ⅲ号突撃砲20両、ヘッツァー駆逐戦車31両も入った［注42］。師団司令官の報告によると、1945年3月

37

15日現在の第16戦車師団はパンター戦車14両とヘッツァー駆逐戦車31両を保有していた。[注43]

第17戦車師団（17.Panzer-Division）

1940年11月1日、第27歩兵師団を基幹として編成。

1945年1月は中央軍集団の部隊としてキールツェ近郊で行動し、そこで1月12日から16日の戦闘で実質的に全滅した。その後の2月から3月にかけてゲルリッツに撤退した。しかし、1945年4月に最終的に殲滅され、残存将兵はソ連軍の捕虜となった。

■戦闘編成

第39戦車連隊（Panzer-Regiment 39）、第40及び第63機甲擲弾兵連隊（Panzer-Grenadier-Regiments 40, 63）、第27砲兵連隊（Artillerie-Regiment 27）。

1945年1月12日現在の第17戦車師団は、Ⅳ号戦車70両（内66両が可動車両）、Ⅳ号駆逐戦車70型21両、240両に上る装甲兵員輸送車各種派生型を保有していた。1月12日〜16日の壊滅後は戦闘能力を保持する師団残存部隊はすべて戦闘団（Kampfgruppe）に集約編成され、2月7日[注44]にⅣ号戦車16両とⅣ号駆逐戦車70（V）型28両を陸軍兵器庫から輸送された。1945年2月16日[注45]現在の第17戦車師団には、Ⅳ号戦車17両、Ⅳ号駆逐戦車70（V）型17両、Ⅳ号指揮戦車（Pz.Bef.Ⅳ）3両があった。[注46]

37：ケーニヒスベルク市郊外に遺棄されていた第5戦車師団第31戦車連隊修理中隊の18t半装軌式牽引車Famo Sd.Kfz.9。東プロイセン、1945年3月。車体尾部には擱座した戦車を回収する際に地面に下ろす駐錨が見える。（ASKM）

[注43] 事実誤認である。正しくはパンター14両、Ⅳ号戦車4両、Ⅳ号駆逐戦車16両、突撃砲およびヘッツァー31両を保有していた。なお、[注42]で記述したとおり、戦車猟兵大隊"ユターボク"はヘッツァー21両を装備しており、従って31両の中身は突撃砲10両、ヘッツァー21両であったと考えられる。
[注44] Ⅳ号戦車16両は2月7日ではなく2月9日に輸送された。
[注45] 1945年2月6日の誤記である。
[注46] 1945年3月15日現在の第17戦車師団は、Ⅳ号戦車14両、Ⅳ号駆逐戦車19両、対空戦車3両を装備していた。なお、可動戦車はⅣ号戦車10両、Ⅳ号駆逐戦車18両、対空戦車3両であった。

38：擱座して乗員に遺棄されていたⅤ号戦車A型パンター。ハンガリーのバラトン湖地区、1945年2月。同車は冬季迷彩が施され、砲塔には225の番号が見える。ドイツ国防軍第6戦車師団の所属と思われる。(ASKM)

39. オッペルン市地区で撃破されたⅣ号H型戦車 (Pz.Ⅳ Ausf.H) を検分する赤軍兵。砲塔側面には破線で書かれた番号535が見える。同車は第16戦車師団に所属していたものと思われる。(ASKM)

40・41：ブレスラウ近郊の戦闘で撃破されたIV号戦車H型（Pz.IV Ausf.H）。1945年3月。戦車砲左手の砲塔正面装甲板に残る76mm徹甲弾の弾痕が注目される。戦車の暗い色からして、同車は炎上したものと思われる。この車両には多数の予備履帯が対砲弾追加防御として、車体の前部と正面装甲板、さらに砲塔正面装甲板（戦車砲の右手に見える）にまで装着されている。しかしそれも、写真を見る限り乗員を守りきれなかったようだ。（ASKM）

第18戦車師団（18.Panzer-Division）

1940年10月26日、ケムニッツで第4及び第14歩兵師団部隊から編成。

1943年10月に独ソ戦線で甚大な損害を蒙り、第18砲兵師団に改編される。この番号の戦車師団は以後編成されなかった。

第19戦車師団（19.Panzer-Division）

1940年11月1日、第19歩兵師団を基幹として編成。

1945年1月12日まではA軍集団第2防衛線のポーランドのズヴォレニ市地区にいた。ソ連軍の攻勢作戦が始まると、同師団はウッジの南方で行動し、1月のポズナンニ要塞防衛戦に参加した。2月初頭はブレスラウの南西で戦い、3月の初めにはチェコスロヴァキアのモラーフスカ・オストロヴァー郊外に転進した。4月の末はブルノー近郊で活動していたが、最終的に壊滅した。師団残存部隊は中央軍集団の他部隊とともに撤退して行ったが、1945年5月11日にプラハの東方で降伏した。

■戦闘編成

第27戦車連隊（Panzer-Regiment 27）、第73及び第74機甲擲弾兵連隊（Panzer-Grenadier-Regiments 73, 74）、第19砲兵連隊（Artillerie-Regiment 19）。

1945年1月14日現在の第19戦車師団には80両に上る可動戦車があり、さらに30両を数える車両が修理中であった。3月15日の時

[注47] なお、可動戦車はパンター16両、Ⅳ号戦車20両、Ⅳ号駆逐戦車9両であった。
[注48] なお、可動戦車はパンター2両、Ⅳ号戦車19両、突撃砲6、対空戦車2両であった。

点では、パンター戦車17両、Ⅳ号戦車20両、Ⅳ号駆逐戦車70型11両を保有していた。[注47]

第20戦車師団（20.Panzer-Division）

1940年10月15日、第19歩兵師団を基幹としてエアフルトで編成された。

1944年12月はハンガリーにあり、1945年の1月から3月はブレスラウ地区で戦い、ゲルリッツに後退戦闘を続けていった。4月に赤軍により壊滅させられ、残存部隊は1945年5月に降伏した。

■戦闘編成

第21戦車連隊（Panzer-Regiment 21）、第59及び第112機甲擲弾兵連隊（Panzer-Grenadier-Regiments 59, 112）、第92砲兵連隊（Artillerie-Regiment 92）。

1945年3月15日現在の第20戦車師団には、パンター戦車9両、Ⅳ号戦車21両、Ⅲ号突撃砲13両、Ⅳ号駆逐戦車70（V）型10両、Ⅳ号対空戦車2両を保有。[注48]

第21戦車師団（21.Panzer-Division）

1941年7月にアフリカで第5軽師団を改称する形で創設。1943年5月に壊滅したが、同年8月1日再びフランスで編成された。

1945年2月1日にヴィッスラ軍集団の編成から部隊再編成のためにエーベアスヴァルデ市に移り、2月から3月はゲルリッツとコッ

トプスの地区で戦ったが、4月に壊滅し、残存将兵は赤軍の捕虜となった。

■戦闘編成

　第22戦車連隊（Panzer-Regiment 21）、第125及び第192機甲擲弾兵連隊（Panzer-Grenadier-Regiments 125, 192）、第155砲兵連隊（Artillerie-Regiment 155）。

　1945年2月7日から9日の間に同師団はパンター戦車7両とⅣ号戦車16両の補充を受けている。［注49］

第22戦車師団（22.Panzer-Division）

　1941年9月25日、フランスで編成。

　1942年から独ソ戦線で行動していたが、1943年2月4日に部隊解散。以後、この番号の戦車師団は編成されていない。

第23戦車師団（23.Panzer-Division）

　1941年9月から1942年3月にかけてパリ郊外で編成された。

　1945年1月から3月はハンガリーのブダペスト近郊で戦い、その後オーストリアに後退したが、そこで終戦を迎え、赤軍の捕虜となった。

■戦闘編成

　第23戦車連隊（Panzer-Regiment 23）、第126及び第128機甲擲弾兵連隊（Panzer-Grenadier-Regiments 126, 128）、第128砲兵連隊（Artillerie-Regiment 128）。

　1945年1月2日現在の第23戦車師団の装備はパンター戦車32両、Ⅳ号戦車5両、Ⅳ号駆逐戦車8両を数えた。3月6日現在の保有車両は、パンター戦車約20両、Ⅳ号戦車30両、突撃砲30両、装甲兵員輸送車最大20両であった［注50］。3月15日現在のデータによると、パンター戦車33両、Ⅳ号戦車16両、突撃砲10両、Ⅳ号駆逐戦車8両、Ⅳ号対空戦車1両となっており、そのうち可動状態にあったのは戦車13両と自走砲8両である。［注51］

第24戦車師団（24.Panzer-Division）

　1941年11月28日、東プロイセンにおいて第1騎兵師団の元所属将兵から編成された。

　1943年1月にスターリングラード近郊で包囲され全滅した。1943年4月、フランスにて同じ番号で新師団が編成される。1945年1月はスロヴァキアにあり、その後東プロイセンに移されたが、ここでの戦闘で大損害を出した。1945年3月にシュレースヴィヒ=ホルシュタイン地区に外された。1945年5月、師団残存部隊はイギリス軍部隊に降伏した。

［注49］1945年3月15日現在の第21戦車師団は、パンター33両、Ⅳ号戦車31両、Ⅳ号駆逐戦車16両、突撃砲1両、対空戦車4両を装備していた。なお、可動戦車はパンター14両、Ⅳ号戦車17両、Ⅳ号駆逐戦車14両、突撃砲1両、対空戦車4両であった。

［注50］この数値には疑義がある。南方軍週報Ia/Id Nr.3 018/45geh.v.6.3.45によれば、パンター14両、Ⅳ号戦車15両、駆逐戦車11両、突撃砲11両、自走砲51両を装備していた。

［注51］可動数の内訳はパンター戦車7両、Ⅳ号戦車6両、突撃砲7両、対空戦車1両である。

[注52]このうちの2両はIV号指揮戦車である。

■戦闘編成

第24戦車連隊（Panzer-Regiment 24）、第21及び第26機甲擲弾兵連隊（Panzer-Grenadier-Regiments 21, 26）、第89砲兵連隊（Artillerie-Regiment 89）。

第25戦車師団（25.Panzer-Division）

1942年2月25日にエーベアスヴァルデで編成。

1945年1月初頭はラドム市地区にA軍集団の予備として待機していた。1月13日に戦闘に投入され、ロージとポズナンニの近郊で戦い、大きな損害を出した。2月初めに部隊再編成のためにシュテッティン郊外に外され、3月15日にヴィッスラ軍集団に編入となった。1945年4月11日、同師団はウィーン郊外に転進させられ、4月25日、26日はラー近郊で戦った。1945年5月8日、チェコスロヴァキア南部で赤軍に降伏した。

■戦闘編成

第9戦車連隊（Panzer-Regiment 9）、第146及び第147機甲擲弾兵連隊（Panzer-Grenadier-Regiments 146, 147）、第91砲兵連隊（Artillerie-Regiment 91）。

1945年1月初旬の第25戦車師団にはIV号戦車約20両と40両IVに上るIV号駆逐戦車70型が、また2月11日現在はIV号戦車30両［注52］、IV号駆逐戦車70型14両があった。同師団は部隊再編成の際、

42：ブダペストの市街戦で撃破されたV号戦車パンター。1945年2月。同車は大修理を施された独特な"ハイブリッド"車である。――車体はパンター G型、砲塔はパンター D初期型。そして、車体も砲塔もツィンメリットが塗布され番号や識別章は全くない（108という番号はソ連軍戦利品管理隊が付けた）。同車の所属は第13戦車師団と推察される。（ASKM）

2月18日にⅣ号戦車21両と、翌19日にⅣ号駆逐戦車70型10両、3月3日はさらに10両のⅣ号戦車とパンター戦車10両の補充を受けている。［注53］

第26戦車師団（26.Panzer-Division）

1942年9月14日にベルギーで第23歩兵師団を基幹に編成。

1943年7月から1945年4月までイタリア戦線で戦う。1945年4月18日、アメリカ軍に降伏した。

■戦闘編成

第26戦車連隊（Panzer-Regiment 26）、第9及び第67機甲擲弾兵連隊（Panzer-Grenadier-Regiments 9, 67）、第93砲兵連隊（Artillerie-Regiment 93）。

1945年3月1日現在の第26戦車師団が保有する装甲兵器は次のとおり。

パンター戦車26両、Ⅳ号戦車59両、指揮戦車8両、ベルゲパンター戦車回収車2両、Ⅳ号突撃砲16両、105mm自走砲ヴェスペ7両、150mm自走砲Sd.Kfz.138/1グリレ8両、対空自走砲34両（内7両は戦車車台）、装甲車11両、装甲兵員輸送車159両（Sd.Kfz.250が94両、Sd.Kfz.251が65両）。［注54］［注55］

第27戦車師団（27.Panzer-Division）

1942年10月1日、ロシアのヴォローネジで第22戦車師団の一部から編成。

1943年2月15日に解散され、その個々の部隊は第7、第24両戦車師団に編入された。以後、この番号の戦車師団は編成されていない。

第116戦車師団（116.Panzer-Division）

1944年3月28日、フランスにて第16機甲擲弾兵師団を基幹に編成された。

ドイツ軍のアルデンヌ攻勢作戦に参加、多大な損害を出した。その後1945年1月はライン地区で行動していたが、4月11日に戦車中隊1個とシュトゥルムティーガー突撃戦車小隊1個からなる戦闘団（Kampfgruppe）に改編された。4月18日に師団残存部隊はルール包囲網の中、エッセン郊外でアメリカ軍に降伏した。

■戦闘編成

第16戦車連隊（Panzer-Regiment 16）、第60及び第150機甲擲弾兵連隊（Panzer-Grenadier-Regiments 60, 150）、第146砲兵連隊（Artillerie-Regiment 146）、第226戦車猟兵大隊（Panzer-Jäger-Abteilung 226）。［注56］

［注53］1945年3月15日現在の第25戦車師団は、パンター10両、Ⅳ号戦車31両、Ⅳ号駆逐戦車19両、突撃砲1両を装備していた。なお、可動戦車はパンター3両、Ⅳ号戦車11両、Ⅳ号駆逐戦車12両であった。

［注54］1945年3月1日付の第26戦車師団報告書によれば、Ⅲ号指揮戦車（75mm短砲身）2両、Ⅲ号砲兵観測車2両、Ⅳ号およびパンター指揮戦車25両、Ⅳ号戦車67両、Ⅳ号駆逐戦車8両、Ⅳ号突撃砲8両、ベルゲパンター2両、Ⅲ号回収戦車1両、105mm自走砲ヴェスペ17両、ヴェスペ装甲弾薬輸送車3両、150mm自走砲Sd.Kfz.138/1グリレ8両、38（t）20mm Flak対空戦車6両、88mm Flak対空戦車1両（1942年末にクルップ社が3両製作した試作車両の1両）、その他対空自走砲34両（そのうち88mm Flak搭載Sd.Kfz.9対空自走砲12両）Sd.Kfz.222/223/260系列装甲車7両、Sd.Kfz.231/232系列装甲車4両、Sd.Kfz.250系列装甲兵員輸送車104両、Sd.Kfz.251系列装甲兵員輸送車73両であった。

［注55］1945年3月15日現在の第26戦車師団は、パンター26両、Ⅳ号戦車84両、突撃砲8両、対空戦車6両を装備していた。なお、可動戦車はパンター22両、Ⅳ号戦車63両、突撃砲7両、対空戦車5両であった。

［注56］1945年3月15日現在の第116戦車師団は、パンター32両、Ⅳ号戦車6両、突撃砲11両、Ⅳ号駆逐戦車7両、対空戦車10両を装備していた。なお、可動戦車はパンター8両、Ⅳ号戦車2両、Ⅳ号駆逐戦車4両、突撃砲2両、対空戦車5両であった。

43：ブダペスト市の周縁で遺棄された105㎜軽自走砲ヴェスペ。1945年2月。冬季迷彩のこの自走砲には識別章などはない（63はソ連軍戦利品管理隊が付けた）。第13戦車師団第13機甲砲兵連隊の所属と思われる。（ASKM）

1945年4月15日現在、第116戦車師団はパンター戦車14両とシュトゥルムティーガー突撃戦車4両を保有していた。

第130戦車教導師団（130.Panzer-Lehr-Division）

1943年11月、ポツダムにて戦車学校教導部隊から編成された。

1944年のノルマンディで戦い、続いて1944年12月のドイツ軍のアルデンヌ攻勢作戦に参加した。4月18日にルール包囲網の中、アメリカ軍に降伏した。

■戦闘編成

第130戦車教導連隊（Panzer-Lehr-Regiment 130）、第901及び第902機甲擲弾兵教導連隊（Panzer-Grenadier-Lehr-Regiments 901, 902）、第130砲兵教導連隊（Artillerie-Lehr-Regiment 130）。

1944年7月5日現在の第130戦車教導師団には、各種戦車190両、Ⅲ号突撃砲30両、装甲兵員輸送車各種派生型612両があった。[注57]

1945年編成の戦車師団

1945年の冬から春にかけてドイツ国防軍司令部はいくつか戦車師団を新設したが、それらは人員と装備の不足から、しばしば戦闘団の様相を呈し、なかには戦車部隊とは名ばかりのものもあった。これら師団の持つ戦車大隊は1個だけである。このような師団の編成経験が、Panzer-Division 45とKampfgruppe 45という新編成定数策定の基礎となったことも否定できない。

グロースドイッチュラント戦車師団
（Panzer-Division《Großdeutschland》）

1944年12月14日、グロースドイッチュラント戦車軍団編成の命令が出され、その中にはグロースドイッチュラント機甲擲弾兵師団（Panzer-Grenadier-Division《Großdeutschland》）が入ることになっていた[注58]。この命令に沿って、グロースドイッチュラント戦車連隊（Panzer-Regiment《Großdeutschland》）は再編成作業を始め、その結果同連隊は次の2個大隊から構成されることになった。

パンター戦車各17両を有する中隊3個からなる大隊、Ⅳ号戦車各14両保有の中隊4個からなる大隊。グロースドイッチュラント戦車連隊にあった第3大隊（ティーガー戦車）は、グロースドイッチュラント重戦車大隊（schwere Panzer-Abteilung《Großdeutschland》）と名を改め、軍団司令部直属となった。

1945年1月8日付の命令でグロースドイッチュラント機甲擲弾兵師団はPanzer-Division 44の編成定数に則して戦車師団へと改編されたが、そこにⅣ号戦車大隊はなかった。というのも、この大隊

[注57] 1945年3月15日現在の第130戦車教導師団は、パンター29両、Ⅳ号戦車6両、Ⅳ号駆逐戦車14両、対空戦車2両を装備していた。なお、可動戦車はパンター13両、Ⅳ号戦車2両、Ⅳ号駆逐戦車6両、対空戦車1両であった。

[注58] この戦車軍団 "GD（＝Großdeutschland）" は機甲擲弾兵師団 "GD" と機甲擲弾兵師団 "ブランデンブルク" で構成する計画であった。

[注59] 1945年3月15日現在の戦車師団"GD"は、ティーガーⅠ型6両、パンター戦車5両、Ⅳ号戦車1両、突撃砲1両を装備していた。なお、可動戦車はティーガーⅠ型6両、パンター1両のみであった。

[注60] 第232戦車師団"タトラ"は、旧第82および第85機甲擲弾兵補充および教育連隊から編成された第101および第102機甲擲弾兵連隊よりなっていた。1945年3月末にラープ橋頭堡の防衛戦において壊滅した。

[注61] 1945年2月10日現在の戦車師団"ホルシュタイン"の主な装甲兵力は次の通りである。（Ⅳ号戦車は一部未到着）
- 第44戦車大隊"ホルシュタイン"
  - 大隊本部（軽機関銃3門）
  - 本部中隊（Ⅳ号指揮戦車3両、軽機関銃3門）
  - 2個戦車中隊（各Ⅳ号戦車9両）
  - 1個戦車中隊（Ⅳ号戦車7両）
  - 1個戦車猟兵中隊（マーダーⅢ対戦車自走砲3個小隊あり）
  - 戦車整備小隊、自動車化補給中隊
- 第144戦車猟兵大隊"ホルシュタイン"
  - 1個牽引式戦車砲中隊（75mm対戦車砲15門）
  - 1個高射砲中隊（20mmおよび37mm高射砲）
  - 1個自走砲中隊（150mm重歩兵砲9両、突撃砲5両）

すでにグロースドイッチュラント戦車連隊の編成から外されており、総統随伴旅団（Führer-Begleit-Brigade）に編入されていたからだ。

1945年の1月13日、グロースドイッチュラント戦車師団は戦闘活動に入り、東プロイセンで行動した。師団戦車連隊を強化するため、連隊にはグロースドイッチュラント重戦車大隊が付与された。3月15日までに同師団は大きな損害を出し、師団内には突撃砲約15両とパンター戦車最大10両、ティーガー戦車6両しか残っていなかった[注59]。1945年4月末にはグロースドイッチュラント戦車師団は実質的に全滅し、残存部隊は赤軍部隊に投降した。

第232戦車師団（232.Panzer-Division）

戦車野戦教育師団タトラ（Panzer-Feld-Ausbildungs Division《Tatra》）は1945年1月29日、南方軍集団の後方地区で編成された。同師団は戦車大隊を持たず、その代わり2個中隊編成の駆逐戦車教育大隊（Panzer-Jäger-Ausbildungs-Abteilung）があった。

1945年2月21日、戦車野戦教育師団タトラはまだ後方にあったが、第232戦車師団（232.Panzer-Division）に改称された。1945年3月1日に機甲兵総監は、第232戦車師団タトラがチェコスロヴァキア南部のブラチスラヴァ地区の演習場にあるとの連絡を受けた。3月15日現在、同師団は依然として兵器を受領しておらず、わずかにⅢ号突撃砲1両とⅣ号戦車1両の2両の戦闘車両を持っていたに過ぎない。第232戦車師団のその後の運命については、筆者はあいにく資料を入手できていない。[注60]

ホルシュタイン戦車師団（Panzer-Division《Holstein》）

機甲兵総監は1945年2月1日、デンマークに配置されていた第233予備戦車師団（233.Reserve-Panzer-Division）を基幹とし、戦車大隊（Panzer-Abteilung）1個を有するホルシュタイン戦車師団の編成に関する命令書にサインした。ホルシュタイン戦車師団に含まれることになった第44戦車大隊は、1944年2月2日に既に編成済みであった。同大隊はホルシュタイン戦車師団に編入の際、第233予備戦車師団からⅣ号戦車29両、シュテッティンからⅣ号戦車14両、リンツからⅣ号指揮戦車3両を受領した。

1945年2月12日、ホルシュタイン戦車師団はヴィッスラ軍集団に編入される[注61]。1945年3月30日、第18機甲擲弾兵師団にホルシュタイン戦車師団とシュレージェン戦車師団を編入して定数を充足させる命令が出された。

44：チェコスロヴァキア領内で撃破されたⅤ号戦車パンター。1945年4月。砲塔番号は242で、第8戦車師団の所属車両と思われる。

第233戦車師団（233.Panzer-Division）

　デンマークに駐屯していた第233予備戦車師団（233.Reserve-Panzer-Division）は1945年2月21日に第233戦車師団に改称された。これと同時に第5予備戦車大隊（Reserve-Panzer-Abteilung 5）は第55戦車大隊（Panzer-Abteilung 55）に改編され、1945年4月20日に第233戦車師団に編入された。この結果第233戦車師団は、50㎜砲搭載Ⅲ号戦車2両と75㎜砲搭載Ⅲ号戦車N型18両、Ⅳ号戦車（短砲身）3両、Ⅳ号戦車（長砲身）2両、Ⅳ号対空戦車（37㎜砲搭載）4両を受領した。しかし同師団は戦闘には参加せず、1945年5月に米英軍部隊に降伏した。

ユターボク戦車師団（Panzer-Division《Jüterbog》）

　機甲兵総監は1945年2月21日、第16戦車師団本部を母体として1個戦車大隊を有するユターボク戦車師団の編成を命じた。ユターボク戦車大隊（Panzer-Abteilung《Jüterbog》）は、パンター戦車10両を持つ戦車中隊1個とⅢ号突撃砲各10両の突撃砲中隊2個からなる（突撃砲はグリニッケ戦車猟兵大隊（Panzer-Jäger-Abteilung《Glienicke》）から受領）。

　1945年2月26日、ユターボク戦車師団はバウツェンへの移動と中央軍集団編入の命令を受ける。同日付でユターボク戦車師団は第16戦車師団の編成に入れられた。

[注62] 第10戦車旅団本部の誤りである。

シュレージェン戦車師団（Panzer-Division《Schleisien》）

　1945年2月21日、第101戦車旅団本部を基幹とし[注62]、デーベリッツ戦車大隊（Panzer-Abteilung《Doebritz》）1個からなるデーベリッツ戦車師団（Panzer-Division《Doebritz》）の編成が始まった。同大隊は1945年2月24日までに人員と装備を受領し、Ⅳ号戦車各10両の戦車中隊3個を擁した。2月22日、まだ編成途中にあったデーベリッツ戦車師団はシュレージェン戦車師団（Panzer-Division《Schleisien》）に改称され、デーベリッツ戦車大隊（Panzer-Abteilung《Doebritz》）もこれにしたがってシュレージェン戦車大隊（Panzer-Abteilung《Schleisien》）となった。

　同大隊の定数充足のため、2月21日にはⅣ号戦車21両とⅣ号駆逐戦車70（V）型10両が陸軍兵器廠から届き、3月3日にはさらに10両のⅣ号戦車が到着した。

　1945年2月26日、シュレージェン戦車師団はフランクフルト・オーデル地区への移駐とヴィッスラ軍集団編入の命令を受領。1945年3月30日には、ホルシュタイン、シュレージェン両戦車師団を第18機甲擲弾兵師団（18.Panzer-Grenadier-Division）へ編入し、定数を補充せよとの命令を受ける。

45：チェコスロヴァキア領内の戦闘で赤軍部隊が破壊した駆逐戦車マーダーⅢ。1945年3月。

塗装とマーキング

42型突撃榴弾砲(StuH 42)。シレジア(シュレージェン)地方クロンシュタット市、1945年2月。第310突撃砲旅団の車両と思われる。

1945年4月に赤軍部隊がベルリン南東のヴァンディッシュ・ブッフホルツ地区で鹵獲したアルデルト式ヴァッフェントレーガー(Waffenträger)。

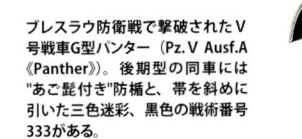

赤軍部隊がハンガリーのバラトン湖地区で鹵獲した第509重戦車大隊所属VI号戦車B型ケーニヒスティーガー《Königstiger》。(Pz.VI Ausf.B)、1945年3月。三色迷彩が施され、黒色の番号322が付いている。

ブレスラウ防衛戦で撃破されたV号戦車G型パンター (Pz.V Ausf.A《Panther》)。後期型の同車には"あご髭付き"防楯と、帯を斜めに引いた三色迷彩、黒色の戦術番号333がある。

69

降下戦車軍団ヘルマン・ゲーリングの保有するV号戦車パンターA型。東プロイセン、グンビンネン〜シーレン地区、1945年1月。

ベルリン南東のヴァンディッシュ・ブッフホルツ地区で乗員が遺棄されたドイツ国防軍第4戦車軍所属のIV号戦車（Pz.IV Ausf.J）。1945年4月。車体には三色迷彩が施され、白色の車体番号602が付いている。

ドイツ国防軍第5戦車師団のIV号戦車H型。ケーニヒスベルク地区、1945年3月。この戦車の車体と砲塔はツィンメリット・コーティングを施されている。

ダンツィヒ市街戦の最中に鹵獲されたIII号指揮戦車Sd.Kfz.141 (Panzerbefehlswagen III)。基礎迷彩の上に塗布された白の冬季塗装の跡が残る。第4戦車師団本部の所属と思われる。1945年3月。

ハンガリーでソ連軍部隊が鹵獲したドイツ第219突撃戦車大隊所属のIV号突撃戦車ブルムベア《Sturmpanzer IV《Brummbar》》。1945年3月。同車には三色迷彩と白色の車体番号110がついている。

ベルリンへの近接路で撃破されたIII号突撃砲（StuG III）。1945年4月。この自走砲は三色迷彩と面増加装甲板に133の番号を持ち、戦闘室正面装甲板はセメントを塗布し強化されている。

ソ連第2バルト方面軍部隊が撃破した第202突撃砲旅団のⅢ号突撃砲G型。クーラランド、1945年3月11日。

第185突撃砲旅団のⅢ号突撃砲G型。東プロイセン、ハイルスベルク要塞地帯、1945年3月。

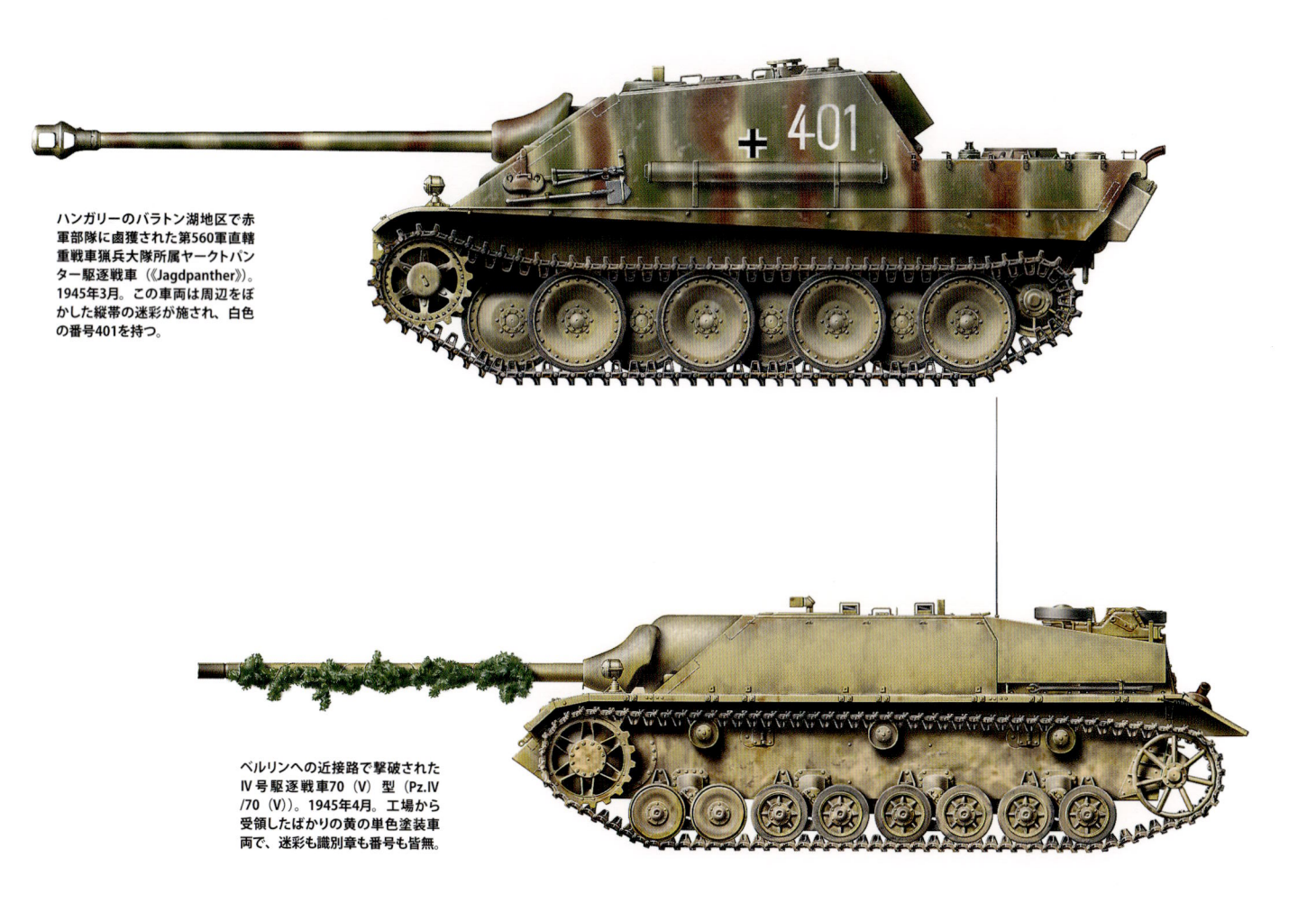

ハンガリーのバラトン湖地区で赤軍部隊に鹵獲された第560重直轄重戦車猟兵大隊所属ヤークトパンター駆逐戦車(《Jagdpanther》)。1945年3月。この車両は周辺ではかしった縦帯の迷彩が施され、白色の番号401を持つ。

ベルリンへの近接路で撃破されたIV号駆逐戦車70(V)型(Pz.IV/70(V))。1945年4月。工場からはばかりの黄の単色塗装受領したばかりの車両で、迷彩も識別章も番号も皆無。

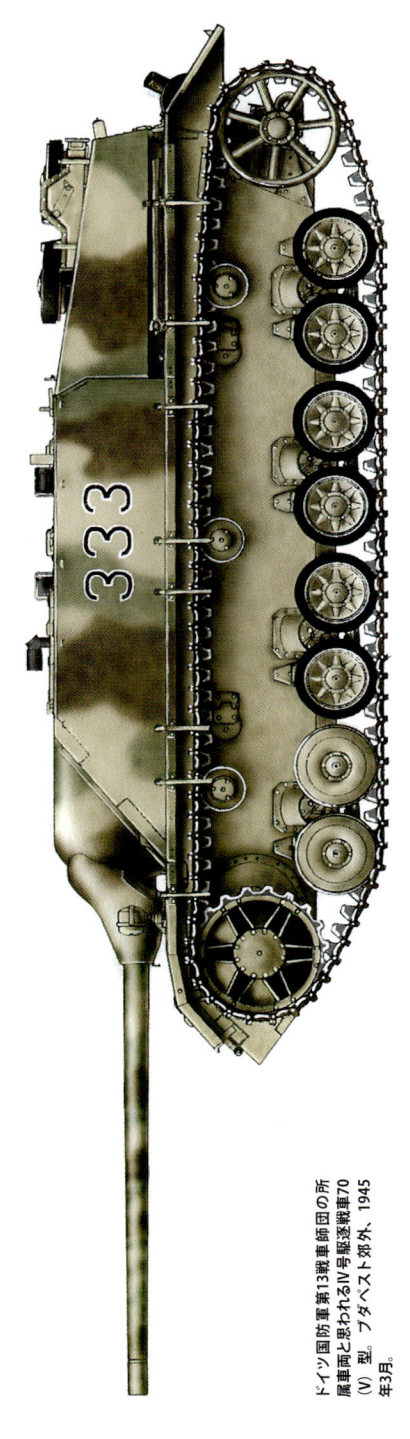

バラトン湖の戦いで撃破されたIV号駆逐戦車70 (V) 型。1945年3月。

ドイツ国防軍第13戦車師団の所属車両と思われるIV号駆逐戦車70 (V) 型。ブダペスト郊外。1945年3月。

75

ダンツィヒ郊外で撃破された38(t)駆逐戦車ヘッツァー(Jagdpanzer 38(t)《Hetzer》)。1945年3月。同車には幅広の帯を引いた迷彩が施され、車体左側面には「幸運祈願」の馬の蹄鉄がある。

ドイツ国防軍第4戦車師団所属のソ連製鹵獲戦利品砲SU-100。ダンツィヒ地区、1945年4月。帯状の二色迷彩と戦闘室側面に大きな十字章がある。

セーケシュフェヘールヴァール市地区で撃破された20mm Flak38高射砲4連装IV号対空戦車ヴィルベルヴィント (Flakpanzer IV 《Wirbelwind》)。1945年3月。同車は三色迷彩と車体にツィンメリット・コーティングを施され、砲塔に戦術番号044を持つ。

ベルリン郊外に遺棄されていた装甲兵員輸送車Sd.Kfz.251/21 (3連装20mm機関砲MG151搭載)。1945年4月。同車は三色迷彩と黒色の番号343を持つ。

46

46・47：ソ連軍部隊の攻勢時に撃破された降下戦車軍団ヘルマン・ゲーリングの88㎜高射砲Flak36/37搭載型半装軌式牽引車Sd.Kfz.8。ポーランド、1945年1月。ラジエーターの装甲防護板に《Immer die Selben》(常時同然)とある。

ミュンヘベルク戦車師団（Panzer-Division《Müncheberg》）

　1945年3月5日、クンマースドルフ戦車大隊（Panzer-Abteilung《Kummersdorf》）1個からなるミュンヘベルク戦車師団の編成が発令された。1945年3月12日、クンマースドルフ戦車大隊は保有するすべての戦車を、ミュンヘベルク戦車師団に編入される第29戦車連隊第1大隊に譲渡するよう命じられた。このときクンマースドルフ戦車大隊のティーガー戦車中隊は、第29戦車連隊第1大隊に第3中隊として編入された。1945年3月16日、ミュンヘベルク師団のためのパンター戦車中隊の編成が始まる。同師団は3月29日にパンター戦車を10両、さらに4月5日にも10両を追加されている。このほか、1945年4月7日にミュンヘベルク戦車師団の編成にヴュンスドルフからパンター戦車中隊2個をさらに加える命令が出された。この2個中隊は、赤外線装置を装備した戦車を保有していた。

　1945年4月初頭、ミュンヘベルク戦車師団はまだ編成が完了していないにもかかわらず、ヴィッスラ軍集団に編入され、キュストリン地区の戦闘に入った。

　ベルリン攻防戦直前の1945年4月7日現在、ミュンヘベルク戦車師団は次の兵器を保有していた。

　Ⅲ号戦車1両、Ⅳ号戦車3両（内2両は修理中）、パンター戦車24両（内5両が修理中）、Ⅳ号駆逐戦車70（A）型1両、Ⅳ号駆逐戦車1両、

[注63] 事実誤認である。1945年4月7日現在の戦車師団 "ミュンヘベルク" は、ティーガーⅠ型13両、パンター22両、Ⅳ号戦車3両、Ⅳ号駆逐戦車1両、Ⅳ号駆逐戦車70（A）型1両、Ⅲ号戦車1両を装備していた。なお、可動戦車はティーガーⅠ型8両、パンター18両、Ⅳ号戦車1両、Ⅳ号駆逐戦車1両、Ⅳ号駆逐戦車70（A）型1両、Ⅲ号戦車1両であった。

ケーニヒスティーガー13両（内5両が修理中）[注63]。1945年4月16日から19日にかけてミュンヘベルク戦車師団はゼーロウ高地で戦い、その後ベルリンへの近接路とベルリン市内での戦闘に加わった。同師団の最後の車両は5月1日に動物園地区とブランデンブルク門付近で撃破され、5月2日に残存将兵は赤軍部隊に投降した。

フェルトヘルンハレ第Ⅰ戦車師団
（Panzer-Division《Feldherrnhalle Ⅰ》）

　1944年11月27日にフェルトヘルンハレ機甲擲弾兵師団を改称して創設。1944年末にブダペスト郊外で赤軍部隊に包囲、殲滅された。

　1945年3月10日、南方軍集団は殲滅されたフェルトヘルンハレ戦車師団（Panzer-Division《Feldherrnhalle》）の復活と、再び編成される同名軍団への編入を命じられる。3月23日以降、フェルトヘルンハレ第Ⅰ戦車師団（Panzer-Division《Feldherrnhalle Ⅰ》）と呼ばれることになった。

　新師団のためにフェルトヘルンハレ戦車連隊第1大隊が第208戦車大隊（Panzer-Abteilung 208）から編成された。兵器の補充は、1945年3月9日から12日の間に陸軍兵器庫からパンター戦車19両とⅣ号戦車5両が届けられ、さらに13両のⅣ号戦車とⅣ号駆逐戦車70（A）型3両、ヘッツァー駆逐戦車41両が追加された。

47

1945年の3月から4月にかけて同師団はハンガリー、それからオーストリアで行動し、そこで1945年5月初めにソ連軍部隊に投降した。

■戦闘編成

フェルトヘルンハレ第Ⅰ戦車連隊（Panzer-Regiment《Feldherrnhalle Ⅰ》）、フェルトヘルンハレ第Ⅰ機甲擲弾兵連隊（Panzer-Grenadier-Regiment《Feldherrnhalle Ⅰ》）、フェルトヘルンハレ第Ⅰ砲兵連隊（Artillerie-Regiment《Feldherrnhalle Ⅰ》）。[注64]

フェルトヘルンハレ第Ⅱ戦車師団（Panzer-Division《Feldherrnhalle Ⅱ》）

1945年3月23日に第13戦車師団をフェルトヘルンハレ第Ⅱ戦車師団に改称。

フェルトヘルンハレ戦車軍団（Panzer-Korps《Feldherrnhalle》）の編成内にあった。1945年の3月から4月にかけて同師団はハンガリー、その後オーストリアで行動し、そこで1945年5月初めにソ連軍部隊に降伏した。

■戦闘編成

フェルトヘルンハレ第Ⅱ戦車連隊（Panzer-Regiment《Feldherrnhalle Ⅱ》）、フェルトヘルンハレ第Ⅱ機甲擲弾兵連隊（Panzer-Grenadier-Regiment《Feldherrnhalle Ⅱ》）、フェルトヘルンハレ第Ⅱ砲兵連隊（Artillerie-Regiment《Feldherrnhalle Ⅱ》）。

1945年3月10日から12日の間、まだ編成段階にあった同師団がパンター戦車21両とⅣ号戦車20両、さらに3月21日にはⅣ号駆逐戦車70型8両を受領したことが判っている。[注65]

クラウゼヴィッツ戦車師団（**Panzer-Division《Clausewitz》**）

機甲兵総監は1945年4月4日、グロースドイッチュラント戦車教育兵団（Panzer-Ausbildungs-Verband《Großdeutschland》）を用いてクラウゼヴィッツ戦車師団を編成する命令書に署名した。しかしこの決定は4月6日に見直されることとなった。このとき、クラウゼヴィッツ戦車師団の編成にホルシュタイン戦車師団本部とフェルトヘルンハレ戦車教育兵団（Panzer-Ausbildungs-Verband《Feldherrnhalle》）と第106戦車旅団（Panzer-Brigade 106）の残余部隊を使用せよとの訓令が出されたからである。

1945年4月7日、クラウゼヴィッツ戦車師団の編成には、グロースドイッチュラント戦車猟兵大隊（Panzer-Jäger-Abteilung《Großdeutschland》）2個中隊とポツダム戦車猟兵大隊（Panzer-Jäger-Abteilung《Potsdam》）1個中隊の合計31両のⅢ号突撃砲が到着し始めた。4月9日には同師団に第106戦車旅団（Panzer-Brigade

[注64] 1945年3月15日現在の戦車師団"フェルトヘンハレ"は、パンター 19両、Ⅳ号戦車18両、Ⅳ号駆逐戦車3両を装備していた。なお、可動戦車はパンター18両、Ⅳ号戦車16両、Ⅳ号駆逐戦車2両であった。

[注65] 戦車師団"フェルトヘルンハレ2"に改称（[注20] を参照）される直前の1945年3月15日現在の第13戦車師団には、パンター 5両、Ⅳ号戦車18両、対空戦車1両を装備していた。なお、可動戦車はパンター 5両、対空戦車1両のみであった。

48：東ポメラニア（オストポンメルン）に遺棄されていた第7戦車師団の88mm Flak36/37高射砲（右）と75mm PaK40対戦車砲。1945年3月。88mm高射砲の防楯の迷彩が興味深い。（ロシア国立映画写真資料館所蔵、以下RGAKFD）

106）の残余部隊が加わった。クラウゼヴィッツ戦車師団の兵器配備は次のように進んだ。

4月13日、Ⅲ号突撃砲31両；4月14日、パンター戦車10両とヤークトパンター駆逐戦車5両；4月15日、Ⅳ号駆逐戦車70（V）型10両（すべて陸軍兵器庫より）。

1945年4月13日、プトロス戦闘団（Kampfgruppe《Putlos》）はクラウゼヴィッツ戦車師団との合併を命じられる。4月17日にプトロス戦車大隊（Panzer-Abteilung《Putlos》）の名称を受領したこの部隊の編成は、パンター戦車2両を持つ本部、ティーガー戦車2両及びパンター戦車10両の第1中隊、Ⅳ号戦車7両とⅣ号駆逐戦車1両、Ⅲ号突撃砲1両、Ⅳ号駆逐戦車70型4両の第2中隊であった。

1945年の4月17日から翌18日にかけての夜半、プトロス戦車大隊はイルツェンに到着し、クラウゼヴィッツ戦車師団の編成に入っ

た。パンター戦車10両とヤークトパンター駆逐戦車5両が4月15日ブッヘンに到着、第106戦車旅団（Panzer-Brigade 106）第2106戦車大隊パンター戦車中隊（Panther-Kompanie）に与えられた。Ⅳ号駆逐戦車70（Ｖ）型10両の第2中隊はドレスデンを4月15日に離れた。第106戦車旅団の可動状態にあった2両のヤークトパンター駆逐戦車とパンター戦車10両は、1945年4月16日にリューネブルクの東方で戦闘に入るよう命令を受けた。

49：燃料の枯渇で遺棄されたⅣ号戦車H型。1945年2月。この戦車は砲塔側面にだけ増加装甲板を持ち、二色迷彩を施されている。操縦手バイザーブロック上部の掩蓋と、追加防御として車体上部に装着されたソ連T-34中戦車の履帯に注目。白の130はソ連軍戦利品管理隊がつけた番号である。（ASKM）

50：ブダペストでの戦闘で破壊された105㎜軽自走榴弾砲ヴェスペ（左）と150㎜重自走榴弾砲フンメル（右）。1945年2月。フンメルの後部装甲板の部隊章は、これらの自走砲がフェルトヘルンハレ機甲擲弾兵師団の所属であることを示している。白色の121と111の番号はソ連軍戦利品管理隊が記したものである。（ASKM）

51：ブダペストの市街戦で撃破されたPz.Ⅳ/70（Ａ）駆逐戦車。1945年2月。この戦車にも番号や識別章は一切ない（白の106はソ連軍戦利品管理隊が記したもの）。右舷の走行転輪の2組の懸架転輪は金属製走行転輪を装着。（ASKM）

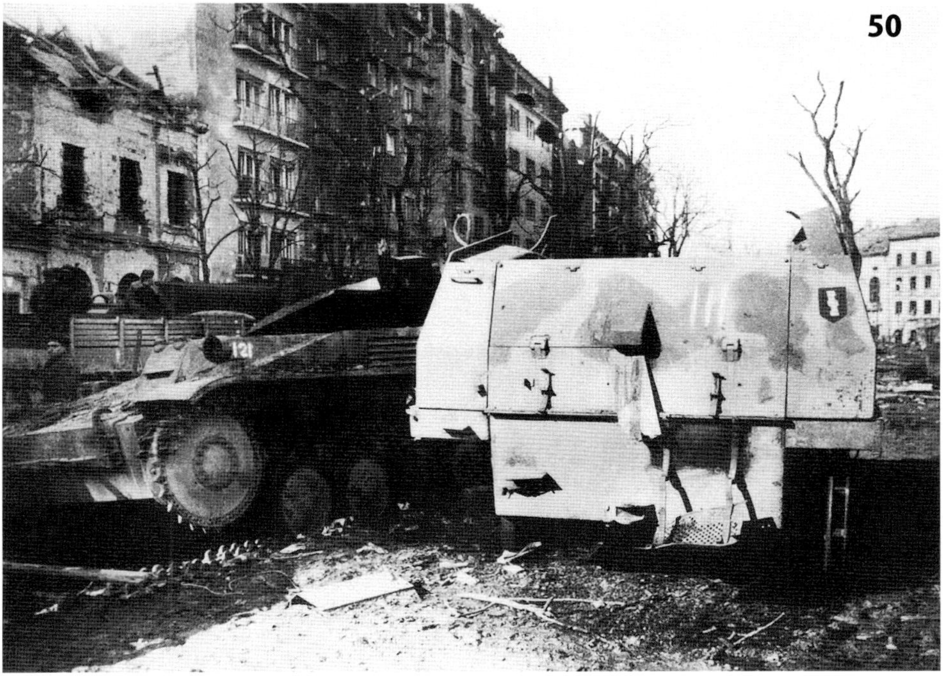

50

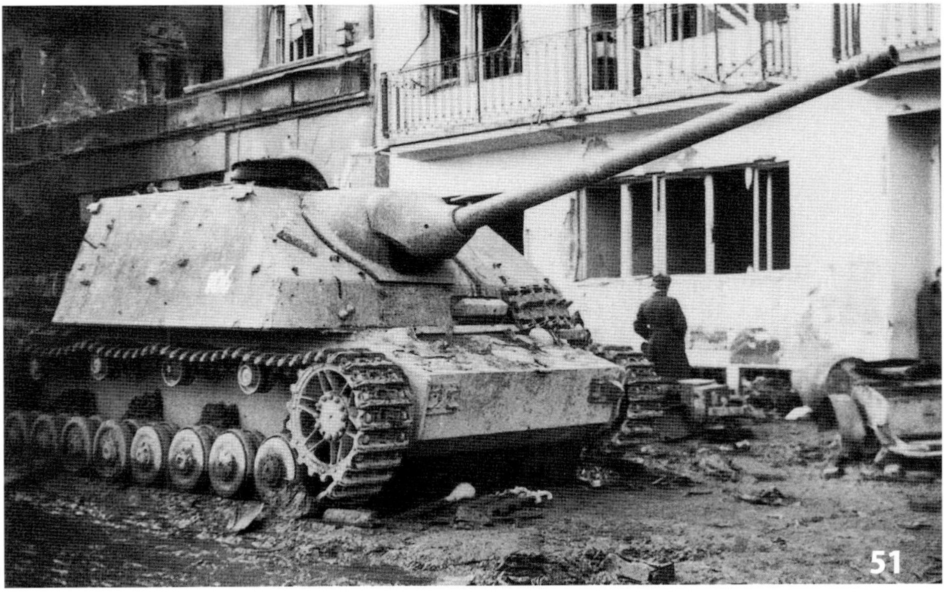

51

第5章
機甲擲弾兵師団
ПАНЦЕРГРЕНАДЕРСКИЕ ДИВИЗИ

　機甲擲弾兵師団がドイツ国防軍に登場するのは1943年夏のことである。陸軍総司令部の命令に従い、1943年6月23日からすべての自動車化歩兵師団（第14と第36を除く）が機甲擲弾兵師団に改称された。この際、各師団の編成にはⅢ号突撃砲で武装した戦車大隊1個が含まれた。ただし、1945年5月には最初のこのような大隊が自動車化歩兵師団の編成に入っている。

1944年の編成
　1944年8月13日、陸軍総司令部機甲兵総監は機甲擲弾兵師団の編成新定数Panzer-Grenadier-Division 44を承認した。これはその組織構成上、実質的に編成定数Panzer-Division 44の戦車師団にそのまま倣ったものであったが、戦車と装甲兵員輸送車は持たなかった。定数Panzer-Grenadier-Division 44によると、師団の編成は次のようになる。
　本部、突撃砲大隊1個（Panzer-Abteilung（Sturmgeschuetze）、

52：ベルリン南東のヴァンディッシュ・ブッフホルツ地区で包囲されたドイツ第4戦車軍部隊が遺棄した装甲車Sd.Kfz.234/3（右）と装甲兵員輸送車Sd.Kfz.250/9シュトゥンメル（75mm砲L/24搭載）の傍に立つソ連軍将校。1945年4月。装甲兵員輸送車の迷彩と砲の上部のズック製の被いにも注目。（ASKM）

付記：前述の通り、包囲された第4戦車軍/第5軍団の麾下には戦車または機甲擲弾兵師団は一つも存在しなかった。従って、この最新鋭の234Sd.Kfz.系列の装甲車両を装備した機甲偵察大隊を有する部隊は、一緒に包囲された第9軍の戦車師団"クーアマルク"である可能性が強い。

53：ベルリン南東のヴァンディッシュ・ブッフホルツ地区の包囲網に取り残されたクーアマルク機甲擲弾兵師団機甲砲兵連隊の150mm sFH18榴弾砲小隊。1945年4月。写真中央の榴弾砲は農業トラクターで牽引されていた。右手にはチェコスロヴァキア製の牽引車プラハT9が見える。写真右側に馬の死骸が見えるので、この師団では馬匹による輸送も行われていたのだろう。（ASKM）

擲弾兵連隊（自動車化）2個（Grenadier-Regiment (mot)）、砲兵連隊1個（Artillerie-Regiment）、戦車猟兵大隊1個（Panzer-Jäger-Abteilung）、機甲偵察大隊1個（Panzer-Aufklärungs-Abteilung）、陸軍高射砲兵大隊1個（Heeres-Flak-Artillerie-Abteilung）、野戦補充大隊1個（Felders-Btl.）、通信大隊1個（Nachr.-Tr.）、工兵大隊1個（Pionier-Btl.）、自動車輸送大隊1個（Nachsch.-Tr.）、修理大隊1個（Kf.Park-Tr.）、野戦パン製造隊1個（Verwalt.-Tr.）、衛生大隊1個（San.-Tr.）、野戦郵便隊1個（Feldpost）。

師団本部は、管理中隊（軽機関銃2挺）、地図測量中隊1個、野戦憲兵中隊1個（軽機関銃2挺）、からなる。

戦車大隊の編成は以下のとおり。

本部、補給中隊1個、本部中隊（突撃砲小隊1個（Ⅲ号突撃砲3両）、Sd.Kfz.7半装軌式牽引車に4連装20mm Flak38高射砲を搭載したSd.Kfz.7/1対空自走砲3両と軽機関銃1挺の高射砲小隊1個、突撃砲中隊3個（各中隊に14両──各4両配備の小隊3個と中隊本部2両）、修理中隊1個（Ⅲ号戦車ベースのⅢ号戦車回収車2両）。

すなわち戦車大隊には全部で、Ⅲ号突撃砲45両、Ⅲ号戦車回収車2両、Sd.Kfz.7/1対空自走砲3両、軽機関銃1挺が配備される。

擲弾兵連隊（自動車化）はいずれも同一編成である。

本部と本部中隊（通信小隊1個、オートバイ小隊1個（サイドカー付オートバイ4台、軽機関銃4挺）、対戦車砲小隊1個（75mm PaK40対戦車砲3門、軽機関銃3挺）、機甲擲弾兵大隊3個、車載工

54

54：ブダペスト付近で遺棄された第13戦車師団の105㎜突撃榴弾砲。戦闘室の天蓋が吹き飛んでいるところを見ると、どうやら擱座後に乗員の手で爆破されたらしい。

兵中隊1個（重機関銃2挺、軽機関銃12挺、81㎜迫撃砲2門、火焰放射器18挺）、重歩兵榴弾砲中隊1個（150㎜ sIG 33榴弾砲4門、軽機関銃3挺）。

　各擲弾兵大隊は、本部と補給中隊、擲弾兵中隊4個からなる。第1中隊は機関銃2挺と120㎜迫撃砲4門、機械牽引式20㎜ Flak38高射砲6門を保有。第2、第3、第4中隊は重機関銃各4挺、軽機関銃18挺、81㎜迫撃砲各2門を装備していた。

　Panzer-Grenadier-Division 44の師団擲弾兵連隊は全体で、重機関銃38挺、軽機関銃190挺、120㎜迫撃砲12門、81㎜迫撃砲20門、火焰放射器18挺、20㎜ Flak38高射砲18門、75㎜ PaK40対戦車砲3門、150㎜ sIG 33榴弾砲4門を持っていた。

　機甲擲弾兵師団砲兵連隊も定数Panzer-Division 44戦車師団の砲兵連隊と同様の編成であるが、配備砲はすべて機械牽引式であった。この砲兵連隊の編成は、本部と本部中隊（軽機関銃2挺）、砲兵大隊3個からなる。各砲兵大隊は、本部、本部中隊（軽機関銃2挺、20㎜ Flak38高射砲3門）、砲兵中隊3個を抱える。第1及び第2大隊

の砲兵中隊は105mm leFH 18榴弾砲各6門と軽機関銃各4挺を装備している。第3大隊の2個中隊は150mm sFH 18榴弾砲各6門と軽機関銃各4挺、もう1個の中隊は105mm砲K.18を4門と軽機関銃4挺を持つ。

砲兵連隊の武装は全部で、軽機関銃44挺、20mm Flak38高射砲9門、150mm sFH 18榴弾砲12門、105mm leFH 18榴弾砲36門、105mm K.18砲4門を数えた。

機甲偵察大隊の陣容は以下の通りである。

本部（軽機関銃3挺）、本部中隊（軽機関銃7挺装備の通信小隊1個、20mm砲搭載Sd.Kfz.234/1またはSd.Kfz.231装甲車13両、75mm砲搭載Sd.Kfz.234/3またはSd.Kfz.233装甲車3両）、補給中隊1個、車載偵察中隊4個。第1偵察中隊は、工兵小隊1個、軽機関銃4挺、81mm迫撃砲6門を有し、第2、第3、第4中隊は重機関銃各4挺、軽機関銃各9挺、81mm迫撃砲各2門を持っていた。機甲偵察大隊には合計して、重機関銃12挺、軽機関銃41挺、81mm迫撃砲12門、装甲車16両があった。

工兵大隊は本部と本部中隊（軽機関銃3挺）、軽橋架設隊（軽機関銃3挺）、工兵中隊3個（各中隊に軽機関銃18挺、81mm迫撃砲2門）からなる。武装は全部で、軽機関銃60挺、81mm迫撃砲6門である。

通信大隊は、本部中隊（軽機関銃1挺）と車載無線中隊1個（軽機関銃4挺）並びに車載電話中隊1個（軽機関銃6挺）の編成で、合計11挺の軽機関銃で武装している。

Panzer-Grenadier-Division 44の機甲擲弾兵師団修理大隊は、Panzer-Division 44戦車師団のそれより縮小されており、修理中隊2個（軽機関銃各4挺）と兵器修理廠（軽機関銃4挺）の規模であった。

自動車輸送大隊は、本部（軽機関銃2挺）、本部中隊、積載能力120t級の輸送縦隊段列4個（軽機関銃各8挺）、修理中隊1個からなる。

機甲擲弾兵師団の残る部隊はPanzer-Division 44戦車師団とまったく同じ編成である。

戦車猟兵大隊1個（Ⅲ号突撃砲31両、Sd.Kfz.251装甲兵員輸送車1両、Ⅲ号戦車回収車2両、機械牽引式75mm PaK40対戦車砲12門、軽機関銃16挺）、陸軍高射砲兵大隊1個（88mm Flak36/37高射砲12門、37mm Flak36高射砲9門、20mm Flak38高射砲6門、Sd.Kfz.7/1対空自走砲3門、探照灯4基、軽機関銃10挺）、野戦補充大隊1個（軽機関銃50挺、重機関銃12挺、81mm迫撃砲6門、120mm迫撃砲2門、75mm PaK40対戦車砲1門、20mm Flak38高射砲1門、火焰放射器2挺、105mm leFH 18榴弾砲1門）、衛生大隊1個（軽機関銃12挺）、主計大隊1個（軽機関銃12挺）、野戦郵便隊1個（軽機関銃1挺）。

編成定数Panzer-Grenadier-Division 44の機甲擲弾兵師団全体の武装は次のとおり合計される。

突撃砲76両、戦車回収車4両、半装軌式牽引車ベースの対空自走砲6両、装甲車16両、オートバイ8台、軽機関銃688挺、重機関銃100挺、火焔放射器38挺、120㎜迫撃砲26門、81㎜迫撃砲64門、20㎜ Flak38高射砲52門、37㎜ Flak36高射砲9門、75㎜ PaK40対戦車砲16門、88㎜ Flak36/37高射砲12門、105㎜ K.18砲4門、105mm leFH 18榴弾砲37門、150㎜ sIG 33重歩兵榴弾砲8門、150 mm sFH 18榴弾砲12門。

ところで、戦争末期の機甲擲弾兵師団戦車大隊の編成は、実にまちまちでありえたことを指摘しておかねばならない。というのも、1944年秋に大隊編成のために到着したのは、パンター戦車とⅣ号駆逐戦車70型で武装した戦車旅団の残存部隊だったからである。現存書類からすると、機甲擲弾兵師団が編成定数Panzer-Grenadier-Division 44に移行したのは、1944年の秋から冬にかけてのみならず、1945年の1月から2月に移行した師団もいくつかあったようだ。しかし実情は、兵器や装備の不足と多大な損害のために、定められた編成定数とはかなり異なっていた。そのうえ1945年に入ると、戦車大隊の編成には突撃砲の代わりにパンター及びⅣ号戦車、それに駆逐戦車ヘッツァー、Pz.IV/70が含められるようになった。

1945年の機甲擲弾兵師団

　1945年3月23日、新たな編成定数Panzer-Division 45とKampf-gruppe Panzer-Division 45の導入に伴い、陸軍総司令部は1945年4月1日以降の機甲擲弾兵師団の廃止と1945年型戦車師団あるいは戦車師団戦闘団への改編を決定した。だが、現存書類を見る限りこれは実現せず、機甲擲弾兵師団は終戦まで戦い続けたようである。
　以下、1945年に作戦行動をとっていた機甲擲弾兵師団を概観しよう。

第3機甲擲弾兵師団（3. Panzer-Grenadier-Division）

　1940年10月にドイツ本国で第3歩兵師団をベースに第3自動車化歩兵師団として編成。1943年6月23日、第3機甲擲弾兵師団に改編。
　第8及び第29機甲擲弾兵連隊（Panzer-Grenadier-Regiments 8, 29）、第3砲兵連隊（Artillerie-Regiment 3）、第103戦車大隊（Panzer-Abteilung 103）を擁する。戦車大隊が師団に編入されたのは1943年5月で、当時Ⅲ号突撃砲42両を保有していた。
　1945年初頭は西部戦線で行動し、ルール包囲網に陥り、殲滅された。4月18日に師団残存部隊はアメリカ軍に投降した。[注66]

第10機甲擲弾兵師団（10. Panzer-Grenadier-Division）

　1940年10月にドイツ本国で第10歩兵師団をベースに第10自動

［注66］1945年3月15日現在の第3機甲擲弾兵師団は、Ⅳ号戦車1両、Ⅳ号駆逐戦車20両、突撃砲9両を装備していた。なお、可動戦車はⅣ号戦車1両、Ⅳ号駆逐戦車6両、突撃砲4両であった。

車化歩兵師団として編成。1943年6月23日、第10機甲擲弾兵師団に改編。

第20及び第41機甲擲弾兵連隊（Panzer-Grenadier-Regiments 20, 41）、第10砲兵連隊（Artillerie-Regiment 10）、第7戦車大隊（Panzer-Abteilung 7）を擁する。戦車大隊が師団に編入されたのは1943年9月で、当時Ⅲ号突撃砲42両を保有していた。

1945年1月12日までは中央軍集団の中にあり、その後はシレジア（シュレージェン）での戦闘に参加し、そこで大きな損害を出した。1945年2月6日、中央軍集団は第10機甲擲弾兵師団の戦闘団（Kampfgruppe）への再編成を命じられる。この当時師団内にあった第7戦車大隊は3個中隊からなっていた。後に4個目の中隊が第2110駆逐戦車中隊（Panzer-Jäger-Kompanie 2110）の兵員から編

55：ケーニヒスベルク市の街路に棄てられた42型突撃榴弾砲。1945年4月（監修者）。

成された。大隊用の戦車は陸軍兵器庫から次のように届いた。

1945年2月9日、Ⅳ号突撃砲12両とⅢ号突撃砲19両；2月19日、Ⅳ号駆逐戦車70（V）型10両。

3月15日現在の同師団にはⅢ号及びⅣ号突撃砲が29両（内可動車両は20両）とPz.Ⅳ/70（V）が9両あった[注67]。

1945年4月中旬、同師団はモラーフスカ・オストロヴァー地区にあり、その後戦闘を重ねつつ北西に退いて行った。5月11日、プラハの東方でソ連軍部隊に降伏した。

第15機甲擲弾兵師団（15. Panzer-Grenadier-Division）

1943年5月にイタリアにて、アフリカで壊滅した第15戦車師団をベースに第15自動車化歩兵師団として編成。1943年6月23日、第15機甲擲弾兵師団に改編。

第104及び第129機甲擲弾兵連隊（Panzer-Grenadier-Regiments 104, 129）、第33砲兵連隊（Artillerie-Regiment 33）、第115戦車大隊（Panzer-Abteilung 115）を保有。

1945年は西部戦線で行動し、5月初頭、ヴェーザーミュンデでイギリス軍部隊に降伏した。[注68]

第18機甲擲弾兵師団（18. Panzer-Grenadier-Division）

1940年10月にドイツ本国で第18歩兵師団をベースに第18自動車化歩兵師団として編成。1943年6月23日、第18機甲擲弾兵師団に改編。

第30及び第51機甲擲弾兵連隊（Panzer-Grenadier-Regiments 30, 51）、第18砲兵連隊（Artillerie-Regiment 18）、第118戦車大隊（Panzer-Abteilung 118）を擁する。戦車大隊が師団に編入されたのは1943年11月で、当時Ⅲ号突撃砲42両を保有していた。

1944年7月に第18機甲擲弾兵師団はソ連ベロルシアで実質的に全滅した。再び編成されたのは1944年秋で、12月から独ソ戦線で行動した。1945年2月に東プロイセンで再び壊滅し、部隊再編成のため後送された。

1945年3月30日、第18機甲擲弾兵師団内に混成戦車連隊（gemischte Panzer-Regiment）を編成せよ、との命令が出された。混成戦車連隊は戦車大隊（Ⅳ号戦車中隊3個とⅣ号駆逐戦車70型中隊1個）、機甲擲弾兵大隊各1個からなり、第118戦車大隊にホルシュタイン戦車師団（Panzer-Division《Holstein》）とシュレージェン戦車師団（Panzer-Division《Schleisien》）の残存部隊を統合して編成された。

1945年4月7日まで第18機甲擲弾兵師団はエーベアスヴァルデ地区にあり、Ⅳ号戦車26両（内1両は修理中）のシュレージェン戦

[注67] Pz.Ⅳ/70（V）の可動数は8両であった。
[注68] 1945年3月15日現在の第15機甲擲弾兵師団は、Ⅳ号戦車3両、Ⅳ号駆逐戦車21両、突撃砲14両、対空戦車2両を装備していた。なお、可動戦車はⅣ号戦車2両、Ⅳ号駆逐戦車10両、突撃砲8両であった。

56：この写真はベルリンの市街戦で撃破された20mm Flak38高射砲4連装IV号対空戦車ヴィルベルヴィント（Flakpanzer IV《Wirbelwind》）。1945年5月。地色の上に幅広の帯を引いた迷彩を持つ。(ASKM)

[注69] 事実誤認である。1945年4月7日現在の第18機甲擲弾兵師団は、下記の装備状況であった。
- 戦車大隊 "シュレージェン"：IV号戦車26両（うち修理中1両）、IV号駆逐戦車70（A）8両（うち修理中1両）
- 戦車猟兵大隊 "シュレージェン"：ヘッツァー23両（うち修理中4両）
- 戦車教育兵団 "オストゼー"：パンター2両、IV号駆逐戦車2両

車大隊（Panzer-Abteilung《Schleisien》）とヘッツァー駆逐戦車19両（内4両が修理中）のシュレージェン戦車猟兵大隊（Panzer-Jäger-Abteilung《Schleisien》）、パンター戦車及びIV号駆逐戦車各2両のオストゼー戦車教育兵団（Panzer-Ausbildungs-Verband《Ostsee》）を擁していた [注69]。ソ連軍の攻勢開始とともに同師団はオーベアスドルフに移され、ベルリンへの進入路で戦った。師団残存部隊はベルリン市内中心部でも戦闘を続けたが、5月2日から3日の間に赤軍部隊に投降していった。

第20機甲擲弾兵師団（20. Panzer-Grenadier-Division）

　1935年10月15日に第20自動車化歩兵師団として編成。1943年6月23日、第20機甲擲弾兵師団に改編。
　第76及び第90機甲擲弾兵連隊（Panzer-Grenadier-Regiments 76, 90）、第20砲兵連隊（Artillerie-Regiment 20）、第8戦車大隊（Panzer-Abteilung 8）を擁する。戦車大隊が師団に編入されたのは1943年10月で、当時III号突撃砲42両を保有。
　1945年1月～2月はポーランドのオストロヴェツ～フメーリニク地区で戦い、大きな損害を出した。3月初めに兵員と兵器の補充のため、フュアシュテンヴァルデ地区に外された。3月14日現在の第20機甲擲弾兵師団には、第8戦車大隊のIV号戦車19両（全車両修理中）と第20戦車猟兵大隊のIV号駆逐戦車70（V）型21両があった。
　3月16日には第20機甲擲弾兵師団はキュストリン西方の戦場に送られ、そこで1945年4月中旬まで戦った。赤軍の攻勢開始後、

同師団はゼーロウ、グーゾウ、オーベアスドルフの各地区に防御布陣した。4月24日、第4戦車軍残存部隊とともにベルリンの南東に包囲されたが、多大な損害を代償に包囲網の突破に成功した。しかし4月25日現在、第20機甲擲弾兵師団の存在はもはや名ばかりであった。1945年5月初頭、師団残存将兵は一部がソ連軍に、他はアメリカ軍に投降した。[注70]

第25機甲擲弾兵師団（25. Panzer-Grenadier-Division）

　1940年11月15日にドイツ本国で第25歩兵師団をベースに第25自動車化歩兵師団として編成。1943年6月23日、第25機甲擲弾兵師団に改編。

　第35及び第119機甲擲弾兵連隊（Panzer-Grenadier-Regiments 35, 119）、第25砲兵連隊（Artillerie-Regiment 25）、第5戦車大隊（Panzer-Abteilung 5）を擁する。戦車大隊が師団に編入されたのは1943年9月で、当時Ⅲ号突撃砲を42両保有。

　1945年1月30日まではキュストリン郊外にあり、そこで定数Panzer-Grenadier-Division 44に則して再編成された。第5戦車大隊の兵器補充のため、陸軍兵器庫から2月1日にパンター戦車10両が到着した。

　1945年3月15日現在の第5戦車大隊の武装は、パンター戦車32両（内2両が修理中）、Ⅳ号戦車1両、Ⅳ号対空戦車2両、突撃砲30両を数え、第25戦車猟兵大隊にはⅣ号駆逐戦車70（V）型が20両あった（内1両は修理中）。

　1945年3月に同師団はオーデル河西岸の戦闘に参加し、その後は予備として後送された。4月17日にブリーツェン郊外で再び戦闘に入り、以後西方に後退して行った。師団の一部は5月2日にソ連軍部隊の捕虜となったが、大半の将兵は西方へ脱出し、イギリス軍部隊に投降した。

第29機甲擲弾兵師団（29. Panzer-Grenadier-Division）

　1940年第29自動車化歩兵師団として編成。1943年2月にスターリングラードで壊滅、同年3月に再び編成され、1943年6月23日、第29機甲擲弾兵師団に改編。

　第15及び第71機甲擲弾兵連隊（Panzer-Grenadier-Regiments 15, 71）、第29砲兵連隊（Artillerie-Regiment 29）、第129戦車大隊（Panzer-Abteilung 129）を擁する。戦車大隊が師団に編入されたのは1943年5月で、当時Ⅲ号突撃砲42両を保有。

　1945年初頭はイタリアで行動し、そこで4月にイギリス第8軍部隊によって殲滅された。[注71]

［注70］1945年4月7日現在の第20機甲擲弾兵師団は、Ⅳ号戦車16両、Ⅳ号駆逐戦車70（A）16両、Ⅳ号対空戦車3両を装備していた。なお、可動戦車はⅣ号戦車15両、Ⅳ号駆逐戦車70（A）16両、Ⅳ号対空戦車3両であった。

［注71］1945年3月15日現在の第29機甲擲弾兵師団は、Ⅳ号戦車46両、突撃砲17両、Ⅳ号対空戦車7両を装備していた。なお、可動戦車はⅣ号戦車44両、突撃砲12両、Ⅳ号対空戦車7両であった。

[注72] 1945年3月15日現在の第90機甲擲弾兵師団は、Ⅳ号戦車1両、突撃砲42両、Ⅳ号対空戦車8両を装備していた。なお、可動戦車はⅣ号戦車1両、突撃砲38両、Ⅳ号対空戦車7両であった。

第90機甲擲弾兵師団（90. Panzer-Grenadier-Division）

　1942年3月の北アフリカで第90自動車化歩兵師団として編成されたが、1943年5月に壊滅。同じく1943年5月にイタリアで再び編成され、1943年6月23日に第90機甲擲弾兵師団に改編。

　第200及び第361機甲擲弾兵連隊（Panzer-Grenadier-Regiments 200, 361）、第190砲兵連隊（Artillerie-Regiment 190）、第190戦車大隊（Panzer-Abteilung 190）を擁する。戦車大隊が師団に編入されたのは1943年2月で、当時Ⅳ号突撃砲42両を保有していた。

　1945年初頭はイタリアのボローニャ近郊の戦いに参加したが、4月29日に師団残存部隊はアメリカ軍部隊に白旗を掲げた。［注72］

グロースドイッチュラント機甲擲弾兵師団
（Panzer-Grenadier-Division《Großdeutschland》）

　1942年5月19日、グロースドイッチュラント歩兵師団を同名の自動車化歩兵師団に改称。1943年6月23日にグロースドイッチュラント機甲擲弾兵師団へと改編。他の機甲擲弾兵師団と異なり、機甲擲弾兵連隊2個と戦車連隊1個、突撃砲旅団1個、ティーガー戦車中隊1個（後に大隊へ拡大）を擁していた。ドイツ国防軍の中で最強かつ最も訓練度の高い師団であった。

57：ベルリンを防衛しつつ撃破されたⅤ号戦車パンター。1945年4月。

1944年末は東プロイセンにあったが、そこでは12月14日からグロースドイッチュラント戦車軍団の編成が始まった。1945年1月8日にグロースドイッチュラント機甲擲弾兵師団は同名の戦車師団に改編された（戦車師団の章参照）。

ブランデンブルク機甲擲弾兵師団
(Panzer-Grenadier-Division《Brandenburg》)

　1944年10月に編成され、同年12月14日にはグロースドイッチュラント戦車軍団に編入される。師団内にはブランデンブルク戦車連隊（Panzer-Regiment《Brandenburg》）があったが、同連隊は1944年12月14日付の陸軍司令部の命令に従って2個大隊を抱えることとなった。第1大隊はパンター戦車各17両の3個中隊、第2大隊はⅣ号戦車各14両の4個中隊からなる。

　当初は、第2大隊としてグロースドイッチュラント突撃砲旅団（Sturmgeschutz-Brigade《Großdeutschland》）をブランデンブルク戦車連隊に含めることが計画されていたが、後にこの案は放棄され、この旅団は戦車連隊の人員・兵器が配備されるまでブランデンブルク機甲擲弾兵師団の戦術指揮下に置かれることとなった。

　1945年1月18日、同師団は東プロイセンからウッジ郊外に移された。同日、南方軍集団はパンター戦車各14両の3個中隊とパンター指揮戦車3両をもって第26戦車連隊第1大隊を再編成し、ブレスラウへ派遣することを命じられた。後に大隊はブランデンブルク戦車連隊第1大隊に改称され、同名の機甲擲弾兵師団の編成に入ることとなった。1月27日から2月2日にかけて第1大隊は陸軍兵器庫から45両のパンター戦車を受領し、それからフランクフルト・オーデルに移され、現地でクーアマルク機甲擲弾兵師団（Panzer-Grenadier-Division《Kurmark》）の麾下に入った。

　1945年2月1日、第12特別編成戦車大隊（Panzer-Abteilung z.b.V.12）とグートシュミット戦車中隊（Panzer-Kompanie《Gutschmidt》）を基幹としたブランデンブルク戦車連隊第2大隊の編成が始まった。同大隊はⅣ号戦車60両を保有（4個中隊各14両、大隊本部用4両）。

　このときまでに同師団はポズナンニ南方の戦闘で大きな損害を出しており、部隊再編成のために後方に送られ、その後シュプロッタウの北で戦闘を再開した。

　3月15日現在のブランデンブルク師団にはわずかに、Ⅲ号及びⅣ号突撃砲17両（内8両は修理中）と故障したⅣ号戦車1両しか残っていなかった。このほか、師団に付与されたグロースドイッチュラント突撃砲旅団には40両に上るⅣ号駆逐戦車70型があった。

　1945年3月後半から4月の間、師団残存部隊は下シレジア（ウンターシュレージェン）で、また5月初頭はドレスデンで戦い、その

[注73] 事実誤認である。1945年4月7日現在の機甲擲弾兵師団"クーアマルク"は、次のような装備状況であった。
・戦車大隊"ブランデンブルク"（第26戦車連隊/第I大隊）：パンター 29両（うち修理中1両）
・戦車猟兵大隊"クーアマルク"：突撃砲12両、IV号戦車3両（うち修理中2両）、パンター 2両（うち修理中1両）、ヘッツァー 17両（うち修理中2両）

後チェコスロヴァキアに撤退した。5月11日に残存将兵はプラハの東方で赤軍部隊に降伏した。

クーアマルク機甲擲弾兵師団
(Panzer-Grenadier-Division《Kurmark》)

　1945年1月30日、陸軍総司令部は定数Panzer-Grenadier-Division 44に則したクーアマルク機甲擲弾兵師団（戦車大隊1個）の編成命令を発した。戦車大隊はヘッツァー駆逐戦車中隊3個とIV号駆逐戦車70型中隊1個からなる。

　1945年2月5日、クーアマルク師団戦車大隊は第51戦車大隊（Panzer-Abteilung 51）に改称された。1月23日から同25日にかけて同大隊はヘッツァー 28両を受領し、2月2日にはブランデンブルク戦車連隊第1大隊がパンター戦車45両とともにクーアマルク機甲擲弾兵師団の編成に入った。

　1945年の2月から3月の間、クーアマルク機甲擲弾兵師団はフランクフルト・オーデル地区で戦闘を展開した。4月7日現在の同師団内には、ブランデンブルク戦車連隊のパンター戦車28両（内1両は修理中）と第51戦車大隊のヘッツァー駆逐戦車15両（内2両が修理中）、クーアマルク戦車猟兵大隊配下の突撃砲12両、パンター戦車1両（修理中）、IV号戦車3両（内2両は修理中）があった［注73］。

　赤軍の攻勢開始とともに同師団は戦闘に突入したが、4月20日には第4戦車軍残存部隊とともにベルリン南東のヴァンディッシュ・ブッフホルツ地区に包囲された。師団残存部隊は4月末にソ連軍部隊の前に抵抗を放棄した。

総統随伴師団及び総統擲弾兵師団

　1945年のドイツ国防軍には機甲擲弾兵師団という名称ではないものの、似た編成の師団を2個編成した。総統随伴師団と総統擲弾兵師団がそれである。両師団はそれぞれ同名の旅団を基幹に編成された。これらの旅団は東プロイセンにおけるヒットラーの本営を護衛していたものだ。1945年1月にソ連軍の攻勢が始まると、ドイツ陸軍司令部は"仕事のない"まま残された旅団を師団に拡大する決定を行った。両師団はそれぞれ歩兵連隊2個と戦車連隊1個を抱えていた。しかし、戦車連隊は兵器の不足から戦車大隊を1個しか持たなかった。両師団とも編成上戦車連隊を有して入るものの、その内実は機甲擲弾兵師団に近かった。なぜならどちらの師団も編成上、装甲兵員輸送車や自走砲を編成定数Panzer-Division 44のドイツ戦車師団ほどは持たなかったからだ。

95

総統随伴師団（Führer-Begleit-Division）

1939年、ヒットラーの前線視察時の随伴と護衛を使命とする総統随伴大隊が編成された。その後同大隊は総統随伴旅団（Führer-Begleit-Brigade）に拡大された。

1945年1月18日、陸軍司令部は同旅団を基幹にした総統随伴師団（Führer-Begleit-Division）の編成命令を出した。1月25日付の訓令は、第102戦車連隊本部（Stab Panzer-Regiment 102）を編成し、新師団にグロースドイッチュラント戦車連隊第2大隊を譲渡するよう命じた。2月2日現在の同大隊にはIV号戦車15両とIV号駆逐戦車70型23両があったが、2月8日から10日にかけてパンター戦車30両を追加されている。1945年2月16日に第102戦車連隊（Panzer-Regiment 102）の編成命令が出され、第1大隊はパンター戦車中隊2個とIV号戦車中隊2個（各14両）からなり、第2大隊は第673戦車猟兵大隊（Panzer-Jäger-Abteilung 673）からなっていた。1945年3月2日に第102戦車連隊は総統第1戦車連隊に、またグロースドイッチュラント戦車連隊第2大隊は総統第1戦車連隊の第2大隊へとそれぞれ名称を改めた。1945年3月15日現在の総統随伴師団が保有する兵器は次のとおりである。

パンター戦車20両（内10両は修理中）、IV号戦車10両（内3両が修理中）、III号突撃砲43両（内23両が修理中）、IV号駆逐戦車70型20両（内8両が修理中）、IV号対空戦車5両（内3両が修理中）。

1945年4月初頭、総統随伴師団はチェコスロヴァキアのトロッパウ地区にあった。ソ連軍の攻勢が始まる中、同師団は大きな損害を出して後方に退いた。4月16日までにはシュプレンベルク市に移駐した。4月21日から24日の戦闘で大損害を蒙り、赤軍部隊に殲滅された。5月初めに師団残存部隊はトルガウ地区でアメリカ軍部隊に降伏した。

総統擲弾兵師団（Führer-Grenadier-Division）

1939年に総統擲弾兵大隊が東プロイセンにおけるヒットラー本営の護衛を任務として編成された。後に同大隊は総統擲弾兵旅団（Führer-Grenadier-Brigade）に拡大された。

1945年1月18日、陸軍司令部は同旅団を総統擲弾兵師団（Führer-Grenadier-Division）に昇格させる命令を出した。1月25日付の訓令で、パンター戦車中隊2個とIV号戦車中隊2個（各14両）からなる大隊1個を持つ第101戦車連隊（Panzer-Regiment 101）の編成が命じられた。

この戦車大隊の編成のため、2月15日にヤークトパンター駆逐戦車10両が、さらに2月17日にはパンター戦車16両が到着した。1945年3月2日、第101戦車連隊本部は総統第2戦車連隊本部（Stab

[注74] 1945年3月15日現在の総統擲弾兵師団は、パンター26両、Ⅳ号戦車3両、突撃砲34両、Ⅳ号駆逐戦車7両、対空戦車3両を装備していた。なお、可動戦車はパンター6両、Ⅳ号駆逐戦車3両、突撃砲16両、対空戦車2両であった。

Führer-Panzer-Regiment 2)に改称された[注74]。

　1945年の3月から4月の間、総統擲弾兵師団はシュテッティン南方で戦い、多大な損害を出した。その後西方に後退し、5月初めにアメリカ軍部隊の軍門に降る。

58：ソ連第1ウクライナ方面軍第13軍部隊が捕獲した総統随伴師団の所属自動車。1945年4月22日、シュプレンベルク地区にて撮影。（ASKM）

第6章

戦車旅団
ТАНКОВЫЕ БРИГАДЫ

　赤軍とは異なり、ドイツ国防軍における戦車旅団は戦闘使用が目的ではなく、戦車乗員の訓練と戦車部隊の調整に活用された。しかし、1944年夏のソ連ベロルシアにおける赤軍攻勢作戦の過程でドイツ軍は甚大な損害を出したことから、ヒトラー自らの指示を受けてドイツ陸軍司令部は前線での使用を目的とする戦車旅団の編成を始める。1944年7月6日に次の戦車旅団編成が承認された。
　本部（パンター戦車3両、Ⅳ号対空戦車3両）、パンター戦車中隊3個、Ⅳ号駆逐戦車70（V）型中隊1個（各中隊11両）。つまり、戦車旅団はパンター戦車36両とⅣ号駆逐戦車70（V）型3両、Ⅳ号対空戦車3両を保有することになった。1944年7月中旬、番号101～110の戦車旅団10個の編成が8月15日、同31日、9月15日、同25日を期限として始まった。実質的には編成直後に戦車旅団は、戦車師団や機甲擲弾兵師団に編入されていった。ただし、一部の旅団本部は残され、戦車部隊の訓練に使用された。いくつかの旅団本部は様々な部隊編成の基幹となった。例えば、第104戦車旅団本部は1945年1月に第104駆逐戦車旅団の編成に使用された。
　筆者の知る限りでは、1945年の前線で使用された戦車旅団は2個あった。しかし、これら旅団の戦歴に関する情報はかなり乏しく、しかも互いに矛盾している。

第103戦車旅団（Panzer-Brigade 103）
　1944年9月に編成。当初は戦闘活動には加わらず、戦車師団や機甲擲弾兵師団の補充に使用された。
　1945年1月20日に第103戦車旅団本部は、第9戦車連隊第2大隊と第29戦車連隊第1大隊、第39戦車連隊第1大隊からなる戦車戦闘団（Panzer Kampfgruppe）を麾下に受領する。最初はこれらの部隊の編成定数を充足し、それぞれの原師団へ送り返すことになっていた。ところが1945年1月24日、これらの部隊を第103戦車旅団の中で使用せよ、との陸軍総司令部の命令が出された。
　第9戦車連隊第2大隊は1月19日から同22日にかけてⅣ号戦車14両とⅣ号駆逐戦車70（V）型26両の補充を受け、第29戦車連隊第1大隊は1月22日から同25日の間にヤークトパンター駆逐戦車14両とⅣ号駆逐戦車70（A）型14両、パンター戦車2両で武装された。第39戦車連隊第1大隊の兵器としては、1月16日から同22日にかけ

[注75] 第103戦車旅団に係わる主な編成は次の通り。
- 第103戦車旅団本部→ミュンヘベルク師団戦車連隊本部へ
- 第29戦車連隊／第Ⅰ大隊→人員のみミュンヘベルク師団へ
- Ⅳ号戦車4両→第17戦車師団へ
- Ⅳ号駆逐戦車70型→第20戦車師団へ
- ヤークトパンター6両→第8戦車師団へ

てパンター戦車46両が届けられた。これらの兵器はすべて陸軍兵器庫からのものである。

　第103戦車旅団は上記の編成で前線に送られ、1945年1月末に中央軍集団に編入された。2月3日までに同旅団は戦車と自走砲を35両失い、その後さらに15両をシュタイナウで赤軍部隊に包囲されて失った。この後同旅団は後方に外され、各種部隊の訓練と編成に携わった。例えば、3月にはミュンヘベルク師団戦車連隊本部を編成した[注75]。1945年5月5日、第103戦車旅団は解散となり、その人員は終戦まで数日を残した各種戦車部隊の補充に当てられた。

第106戦車旅団（Panzer-Brigade 106）

　1944年8月に編成。同旅団について知られていることは、1945年4月9日にパンター戦車10両とヤークトパンター駆逐戦車5両の旅団残存部隊がクラウゼヴィッツ戦車師団（Panzer-Division《Clausewitz》）に編入されたことである。4月15日、第106戦車旅団残存部隊はⅣ号駆逐戦車70（V）型10両の補充を受け、翌日にはリューネブルクの東で戦闘に突入した。

59：ベルリンへの近接路で撃破されたⅣ号駆逐戦車70（V）型。1945年4月。同車はおそらく工場から受領したばかりだったのだろう。なぜならば、ダークイエローの単色塗装で識別章も番号も皆無だからだ。砲身にはエゾマツの枝が巻きつけられていることから、この車両は待ち伏せしていたようだ。右舷には金属製走行転輪が一つだけある。（ASKM）

第7章
戦車大隊・中隊
ТАНКОВЫЕ БАТАЛЬОНЫ И РОТЫ

60：珍しい写真である。ドイツ国防軍で使用されたソ連製自走砲 SU-100。ダンツィヒ地区、1945年4月。この自走砲は第4戦車師団の編成下で戦った。帯状の迷彩と車体右舷に大きな十字章（車長キューポラの前方）に見える。同様の十字章は車体左舷にもあった。（ASKM）

　ドイツ国防軍には戦車師団と戦車旅団のほかに、無所属の戦車大隊があった。通常これらの大隊は捕獲兵器で武装されるか、または戦車乗員の訓練に使用された。さらに、ブルムベア（《Brummbar》）突撃戦車大隊が2個あった。戦車大隊の編成は様々だったが、通常3個中隊編成であった。

　1945年初頭にはかなり多数の各種戦車大隊が編成され、戦車師団や機甲擲弾兵師団の定数充足に用いられたほか、独自に戦闘活動を行った。大隊名はしばしば編成地の地名が付けられている。

　また、特殊兵器で武装した独立中隊もいくつか存在した。例えば1944年は、突撃臼砲中隊（Panzer-Sturm-Mörser-Kompanie）3個──第1000、第1001、第1002中隊が編成され、380㎜シュトゥルムティーガー突撃臼砲を装備していた。1944年末には、Ⅲ号火焔放射戦車（Pz.Ⅲ（Flamm））とヘッツァー駆逐戦車を改造したFlammpanzer 38で武装した第351、第352、第353の独立火焔放射戦車3個中隊（Panzer-Flamm-Kompanie）が前線に送り込まれて

いる。また、1945年に戦線がドイツ国境に迫りつつある中、いくつかの独立中隊が編成された。これら中隊の編成はまったくばらばらで、各種部隊の定数充足に使用されたほか、独自の戦闘活動を展開した。

以下は、このような戦車大隊と戦車中隊の一部である。

第16（鹵獲）戦車大隊（Armee-Panzer-Abteilung 16（Beute））

1944年11月、クーアラント軍集団内で捕獲したソ連軍の戦車と自走砲で編成された。約20両の戦闘車両を保有。1945年5月11日、赤軍部隊に降伏。[注76]

第208戦車大隊（Panzer-Abteilung 208）

1944年4月1日に編成され、他部隊補充用の各種戦車中隊編成に携わる[注77]。

1945年1月2日現在、パンター戦車31両、Ⅳ号駆逐戦車70（V）型14両を保有。1月から2月はハンガリーのバラトン湖地区で活動し、3月10日にフェルトヘルンハレ戦車師団に編入された。

第212戦車大隊（Panzer-Abteilung 212）

クレタ島での行動を念頭に1941年7月10日に編成され、後に戦車中隊の訓練に用いられる[注78]。

1944年12月11日、当時東プロイセンにあった同大隊はⅢ号戦車で武装され、1945年1月に戦闘に突入。1945年4月15日現在、突撃砲6両を保有。[注79]

第218突撃戦車大隊（Sturmpanzer-Abteilung 218）

1944年の夏、第237突撃砲旅団を基幹にして編成された。

[注76] 第16鹵獲戦車中隊が母体であり、第16軍戦区へ投入された。
[注77] 1944年4月に、アドリア海沿岸戦区で第2および第3治安戦車大隊から編成。1944年12月9日にエンス地区で3個中隊に再編成された。
[注78] ベオグラードで壊滅したが1944年12月12日に残存部隊と戦車大隊"ロードス"の一部により3個突撃砲中隊として再編成された。
[注79] 事実誤認である。第212戦車大隊はイタリア戦線に終戦まで投入されており、東プロイセンへ投入された事実はない。どの部隊との誤認なのかは不明。

61：このⅣ号駆逐戦車70（V）型はドイツ国防軍第13戦車師団の所属と思われる。ブダペスト郊外、1945年3月（監修者）。

1945年1月6日、大隊を補充し、2月20日までに本部とブルムベア突撃戦車3個中隊の編成に再編せよとの命令を受領。これにあたり、第218突撃戦車大隊第1中隊は中央軍集団の部隊として前線に残された。2月22日は第218突撃戦車大隊の武装をⅢ号突撃砲に換装する決定が下された。1945年3月18日、同大隊はⅢ号突撃砲43両を受領し、4月24日には戦車猟兵部隊に改編された。この兵団の番号と戦歴に関する情報は確認できていない。[注80]

第219突撃戦車大隊（Sturmpanzer-Abteilung 219）

1944年の夏、第237突撃砲旅団を基幹にして編成された。

1945年1月2日現在、ブルムベア突撃戦車28両を保有。1月から3月にかけてハンガリーのバラトン湖地区で活動。3月26日現在、大隊には全部で15両しか残っておらず、しかもその大半が故障していた。

1945年4月6日に南方軍集団司令部は、第219突撃戦車大隊が30両の捕獲戦車を受領し、その多くがT-34中戦車であったことを連絡している。その後4月10日には、第219突撃戦車大隊は弾薬欠如のために捕獲戦車の配備ができないとの報告があった。爾後突撃戦車の支給が期待できないのであれば、同大隊を解散することが提案された。1945年4月26日、第219突撃戦車大隊第3中隊[注81]はフェルトヘルンハレ重戦車大隊（schwere Panzer-Abteilung《Feldherrnhalle》）に付与されることになり、他の部隊は第123駆逐戦車戦車猟兵旅団（トゥルンパ駆逐戦車戦車猟兵旅団）に移された。

第351火焔放射戦車中隊（Panzer-Flamm-Kompanie 351）

1944年12月末に編成され、1945年1月6日、Ⅲ号火焔放射戦車10両でもってブダペスト郊外に進出した。1945年4月10日現在の同中隊には全部で4両が可動戦車として残っていた。

第352火焔放射戦車中隊（Panzer-Flamm-Kompanie 352）

1944年12月に編成され、12月26日には火焔放射戦車Flammpanzer 38（ヘッツァー駆逐戦車ベース）10両に搭乗して西部戦線に向かった。ドイツ軍のアルデンヌ攻勢に参加。2月初めに第353火焔放射戦車中隊の残存兵器を受領。3月15日現在の第352中隊はFlammpanzer 38火焔放射戦車を11両保有していた。

第353火焔放射戦車中隊（Panzer-Flamm-Kompanie 353）

1944年12月に編成され、12月26日にはFlammpanzer 38火焔放射戦車（ヘッツァー駆逐戦車ベース）10両でもって西部戦線に出発。ドイツ軍のアルデンヌ攻勢に参加し、そこで大損害を出す[注82]。

［注80］第218戦車大隊は、第2108戦車大隊、戦車大隊"ポツダム"と伴に戦車大隊"クランプニッツ"に編入され、最終的には第7戦車師団の補充に当てられた。
［注81］第219突撃戦車大隊/第2中隊の誤りである。
［注82］第353火焔放射戦車中隊は、ノルトヴィント作戦の際にSS第17機甲擲弾兵師団"ゲーツ・フォン・ベアリッヒンゲン"に配属された。初期のグロ・レダルシャン付近の戦闘で10両のうち6両を喪失し、戦果にはほとんど寄与できなかった。

62：ハンガリーでソ連軍部隊に鹵獲されたドイツ第219突撃戦車大隊所属のIV号突撃戦車ブルムベア（Sturmpanzer IV《Brummbar》）。1945年3月。同車には三色迷彩と車体番号110が付いている。誘導転輪と履帯がないので、この戦車は修理のために輸送する途中であったと思われる。写真奥にはもう1両のブルムベア（車体番号222）が見える。（ASKM）

2月初めに残存兵器が第352火焔放射戦車中隊に引き渡された。

第1000突撃臼砲中隊（Panzer-Sturm-Mörser-Kompanie 1000）

1944年10月に編成、同年12月にシュトゥルムティーガー突撃臼砲4両で西部戦線に向かう。ドイツ軍のアルデンヌ攻勢に参加。1945年4月末、米英軍部隊に投降。[注83]

第1001突撃臼砲中隊（Panzer-Sturm-Mörser-Kompanie 1001）

1944年10月に編成、同年11月にシュトゥルムティーガー突撃臼砲6両[注84]で西部戦線に送り込まれる。1945年1月はデューレン、オイスキルヒェンの地区で活動。3月末、3両残っていたシュトゥルムティーガーはライン河を渡河したが、4月中旬にアメリカ軍部隊に鹵獲された。

第1002突撃臼砲中隊（Panzer-Sturm-Mörser-Kompanie 1002）

1944年10月に編成、同年12月にシュトゥルムティーガー突撃臼砲6両[注85]で西部戦線に出発。ドイツ軍のアルデンヌ攻勢に参加し、その後ライヒスヴァルトとラインベルクの郊外で戦いを続ける。1945年4月末にアメリカ軍部隊に投降した。

シュレージェン戦車大隊（Panzer-Abteilung《Schleisien》）

1945年1月2日付けの訓令で、1月31日までに第301戦車大隊

[注83] 4両のうち3両は初期の段階で故障し、第1000突撃臼砲中隊の実施的な可動数は僅か1両に過ぎなかった。
[注84] 4両の間違いである。
[注85] 4両の間違いである。

63

64

63：ベルリン市街戦の中でトーチカとして使用されたパンター戦車の砲塔。1945年4月。これらのトーチカはベルリン戦車中隊の庭下にあったと思われる。

64.：ベルリン市内の路面に埋設されたベルリン戦車中隊のⅤ号戦車パンター。同中隊の戦車はすべて、このような用い方をされた。（ASKM）

（Panzer-Abteilung（Fkl）301）第4中隊と第302戦車大隊（Panzer-Abteilung（Fkl）302）第4中隊を基幹とし、突撃砲45両（無線誘導重装薬運搬車《Borgvard》BIVは含まれず）を持つ、第303無線誘導戦車大隊（Panzer-Abteilung（Funklenk）303）の編成が発令された。第319戦車中隊（Panzer-Kompanie（Fkl）319）も新大隊の第3中隊として組み込まれた。

　1945年2月16日には、Ⅲ号突撃砲31両（BIV車両遠隔操作装置（Funklenk）を除く）を有する第303戦車大隊（Panzer-Abteilung 303）の編成とベルリン防衛戦への使用に関する訓令が出された。この大隊の創設は第303無線誘導戦車大隊（Panzer-Abteilung（Funklenk）303）の改編という形で行われた。1945年2月18日、Ⅲ号突撃砲31両を持つ第303戦車大隊が編成され、2月21日にはデーベリッツ戦車大隊（Panzer-Abteilung《Doebritz》）に名称を改めた。翌日同大隊はシュレージェン戦車師団（Panzer-Division《Schleisien》）に付与され、シュレージェン戦車大隊（Panzer-Abteilung《Schleisien》）となった。1945年4月初頭、大隊残存部隊は第18機甲擲弾兵師団の編成に入り、ベルリン防衛戦に参加した。

ベルリン戦車（無可動）中隊（Panzer-Kompanie（bo）《Berlin》）

　1945年1月22日、ベルリン防衛のために修理車両倉庫から集めてきたパンター戦車10両とⅣ号戦車12両で編成された。これらの戦車は自走できなかったため、その大半は市内街路の交差点に埋設された。各戦車の乗員は3名である。中隊の編成は1月24日までに完了。4月末から5月初頭のベルリン防衛戦に参加した。

シュターンスドルフ第1戦車大隊（Panzer-Abteilung《Stahnsdorf 1》）

　1945年2月1日、パンター戦車中隊1個（16両）と突撃砲中隊2個（各14両）からなるシュターンスドルフ第1戦車大隊を同日夜半までに編成せよとの命令が下った。2月15日にはシュターンスドルフ第1戦車大隊からパンター戦車1個中隊をクンマースドルフ戦車大隊（Panzer-Abteilung《Kummersdorf》）に譲渡する命令が出された。シュターンスドルフ第1戦車大隊は1945年2月3日から同15日にかけてⅢ号突撃砲31両を受領。2月17日には1個中隊がクンマースドルフ戦車大隊に移った。

シュターンスドルフ第2戦車大隊（Panzer-Abteilung《Stahnsdorf 2》）

　1945年2月1日、同日夜半を期限とするシュターンスドルフ第1戦車大隊と同一編成（パンター戦車中隊1個、突撃砲中隊2個）のシュターンスドルフ第2戦車大隊の編成命令が出された。大隊の装備として、2月1日にパンター戦車19両が、また2月3日にはⅢ号突撃

砲28両が届いた。1945年2月12日、シュターンスドルフ2戦車大隊は中央軍集団の編成に入るべく前線へと出発した。

クンマースドルフ戦車中隊（Panzer-Kompanie《Kummersdorf》）

1945年2月13日、クンマースドルフ試験演習場（Versuchstelle Kummersdorf）から譲渡される戦車をもって2月16日を期限に混成戦車中隊を編成せよとの命令が下った。演習場は2月13日現在、以下の車両が戦闘可能と報告している。

Ⅲ号突撃砲4両、パンター戦車3両、Ⅳ号駆逐戦車70（A）型及び70（V）型各1両、Ⅳ号戦車3両、Ⅳ号駆逐戦車2両、Ⅲ号戦車（長砲身）1両、Ⅳ号戦車（短砲身）1両、ヤークトティーガー重駆逐戦車1両、ベルゲパンター戦車回収車1両。

クンマースドルフ戦車大隊（Panzer-Abteilung《Kummersdorf》）

1945年2月16日、シュターンスドルフ第1戦車大隊とクンマースドルフ戦車中隊を使った3個中隊、戦車31両からなるクンマースドルフ戦車大隊の編成が発令された。2月17日、クンマースドルフ戦車大隊（Panzer-Abteilung《Kummersdorf》）に改称。3月12日に同大隊はすべての保有戦車を第29戦車連隊第1大隊に譲渡するよう命じられた。

ポツダム戦車大隊（Panzer-Abteilung《Potsdam》）

1945年2月24日、3月1日を期限とする戦車中隊3個のポツダム戦車大隊の編成命令が出た。1945年4月7日に同大隊の1個中隊がクラウゼヴィッツ戦車師団に譲渡され、他の2個中隊は陸軍総司令部（OKH）の指揮下に置かれた。

クンマースドルフ第2戦車中隊（Panzer-Kompanie《Kummersdorf 2》）

1945年4月2日、クンマースドルフ第2戦車中隊の編成が下令された。4月4日、同中隊はシュヴァインフルト（Schweinfurt）市防衛部隊の強化に派遣された。［注86］

ノルト戦車戦闘団（Panzer-Kampfgruppe《Nord》）

1945年3月5日、ベアゲン駐屯4個中隊とプトロス射撃学校（Schiesschule Putlos）からなる戦車大隊の中に編成された。ノルト戦闘団本部中隊はⅣ号対空戦車ヴィルベルヴィント（4連装20mm Flak38高射砲搭載）3両とⅣ号対空戦車メーベルヴァーゲン（37mm Flak43高射砲搭載）4両からなる防空小隊1個を持っていた。大隊本部にはパンター戦車2両のほか、ベアゲンからの混成戦車中隊（パンター戦車10両、ティーガー戦車6両）と軽戦車中隊（Ⅳ号戦車22

［注86］ドイツ側資料によると最後のクンマースドルフ戦車中隊は、ケーニヒスティーガー1両、ヤークトティーガー1両、パンター4両、Ⅳ号戦車2両、Ⅲ号戦車1両、ナースホルン1両、フンメル1両、シャーマン2両および70口径88mm装備ポルシェ型ティーガー1両（無可動）であった

65：ベルリン戦車中隊に所属するIV号戦車がベルリン市内の路面に埋設されている。1945年5月。（ASKM）

66：燃料の枯渇で遺棄されたIV号戦車H型。1945年2月。この戦車は砲塔側面にだけ増加装甲板を持ち、二色迷彩を施されている。操縦手バイザーブロック上部の掩蓋と、追加防御として車体上部に装着されたソ連T-34中戦車の履帯に注目。白の130はソ連軍戦利品管理隊がつけた番号である。（ASKM）

両)、またプトロスからの混成戦車中隊(パンター戦車12両、ティーガー戦車1両)と軽戦車中隊(Ⅳ号戦車7両)を擁していた[注87]。プトロスからのこれら戦車中隊2個はプトロス戦車大隊(Panzer-Abteilung《Putlos》)に統合され、クラウゼヴィッツ戦車師団の残存部隊として戦闘に投入された。

プトロス戦車大隊（Panzer-Abteilung《Putlos》）

　1945年4月13日、プトロス戦闘団(Kampfgruppe《Putlos》)はクラウゼヴィッツ戦車師団への編入を命じられる。4月17日にプトロス戦車大隊の名称を受領したこの部隊は以下のような編成であった。

　本部(パンター戦車2両)、第1中隊(ティーガー戦車2両、パンター戦車10両)、第2中隊(Ⅳ号戦車7両、Ⅳ号駆逐戦車1両、Ⅳ号駆逐戦車70(V)型4両、Ⅲ号突撃砲1両)。1945年4月17日から18日にかけての夜間、プトロス戦車大隊はクラウゼヴィッツ戦車師団の麾下、イルツェンにあった。[注88]

[注87] ドイツ側資料での戦車戦闘団"ノルト"の詳細な編成は次の通り。
- 戦闘団本部
  - 1個通信小隊(Ⅲ号戦車2両)
  - 1個工兵小隊
  - オートバイ偵察小隊
  - 機甲偵察小隊 (Sd.Kfz.250/1 7両)
  - 偵察装甲車小隊(装甲車6両)
  - 対空戦車小隊(20mm4連装ヴィルベルヴィント3両、37mmオストヴィント4両)
- 戦車大隊
  - 混成戦車中隊(ティーガー6両、パンター 10両)・(軽)戦車中隊(Ⅳ号戦車22両)
  - 突撃砲中隊(突撃砲9両、Ⅳ号駆逐戦車5両)
  - プトロス混成戦車中隊(パンター 12両、ティーガー 1両)
  - プトロス(軽)戦車中隊(Ⅳ号戦車およびⅣ号駆逐戦車15両)
- 機甲擲弾兵大隊
  - 2個機甲擲弾兵中隊
  - 重装備中隊(150mm歩兵砲1門、105mm砲2門、重迫撃砲2門)
  - 混成中隊(装甲兵員車2両、75mm砲搭載装甲兵員車3両、81mm迫撃砲搭載装甲兵員車2両、重機関銃搭載装甲兵員車3両)

[注88] 1945年4月17日における戦闘団"ベニングゼン"(戦車学校"プトロス")の編成は次の通り。
○戦闘団"ベニングゼン"(戦車学校"プトロス")
- 大隊本部
  - 戦車小隊：パンター 2両
  - 戦車猟兵小隊：自動車牽引式75mm対戦車砲3門
  - 機甲偵察小隊：Sdkfz234/1 1両、Sdkfz234/2 1両、Sdkfz234/3 1両、Sdkfz234/4 1両、Sdkfz221または223 1両
- 第1中隊
  - 本部：ティーガー Ⅰ型2両
  - 第1小隊：パンター 5両
  - 第2小隊：パンター 5両
- 第2中隊
  - 本部：Ⅳ号戦車2両
  - 第1小隊：Ⅳ号戦車5両
  - 第2小隊：Ⅳ号駆逐戦車/L48 1両、Ⅳ号戦車/L70ラング4両、Ⅳ号突撃砲1両
- 第3中隊
  - 本部：Sdkfz251/1 1
  - 第1小隊：Sdkfz251/1 4両
  - 第2小隊：Sdkfz250/1 6両
  - 重機関銃小隊：重機関銃4挺
  - 迫撃砲小隊：Sdkfz251/2 4両
  - カノン砲分隊：Sdkfz251/9 1両、Sdkfz250/8 1両
  - 重歩兵砲小隊：150mm重歩兵砲自走砲2両、Sdkfz250/? 1両

第8章
陸軍補充戦車部隊
ЗАПАСНЫЕ ТАНКОВЫЕ ЧАСТИ СУХОПУТНЫХ ВОЙСК

　1945年の春になると、それまで戦車兵の訓練に当たっていた陸軍補充戦車部隊も戦闘に使用されるようになった。これらの部隊についてはソ連や西側の文献においてもしばしば、戦車師団という不正確な呼称が見られる。一部の補充部隊は、終戦直前に装備の補充を受けていた戦車師団や機甲擲弾兵師団に編入された。

　1945年3月1日現在の陸軍補充部隊（Ersatz-Heeres）には711両の戦闘車両があった。

　Ⅲ号戦車328両、Ⅳ号戦車130両、パンター戦車189両、ティーガーⅠ型戦車30両、ケーニヒスティーガー戦車17両、Ⅳ号駆逐戦車70（A）型及び70（V）型各2両、20mm高射砲搭載Ⅳ号対空戦車ヴィルベルヴィント3両、37mm高射砲搭載Ⅳ号対空戦車2両。しかし、これらの大半は戦闘能力を欠くか、あるいは劣悪な状態にあった。

　補充部隊の訓練は最前線で行われ、これはドイツの東からも西からも迫ってくる連合国軍の進撃を食い止めようとした絶体絶命の措置の一つであった。これから列記する諸部隊のデータについて、

67：37mm Flak43高射砲搭載Ⅳ号対空戦車メーベルヴァーゲン（Flakpanzer Ⅳ《Möbelwagen》）は完全可動状態のままブダペスト郊外で赤軍部隊に鹵獲された。1945年2月。車体の側壁は開かれ、写真手前に並ぶ37mm砲弾と砲の防楯にぶら下がったヘルメットが良く視認できる。同車は幅広の帯を引いた迷彩を持つ。番号81はソ連軍戦利品管理隊が付けたもの。（ASKM）

68：このⅣ号駆逐戦車はチェコスロヴァキア領内の戦闘末期に破壊された。1945年5月。

1945年3月24日付とあるのは完全なものでは到底ない。なぜならば、当時発令されていた命令は、時々刻々と悪化する情勢の中でしばしば変更されていったからだ。

オストゼー教育戦車兵団（Panzer-Ausbildungs-Verband《Ostsee》）

　第104戦車旅団本部（Pz.Brig.Stab 104）及びコーブルク戦車連隊本部（Pz.Regt.Stab《Coburg》）の残存将兵、第5及び第13戦車教育大隊（Pz.Ausb.Abt. 5, 13）により編成。

　3月末に同兵団は第18機甲擲弾兵師団に編入。1945年4月5日現在のオストゼー教育戦車兵団にはパンター戦車2両、Ⅳ号駆逐戦車2両が残っていた。

チューリンゲン戦車教育兵団
（Panzer-Ausbildungs-Verband《Thüringen》）

　戦車連隊本部はベアゲン戦車学校（Pz.Tr.Schule《Bergen》）を母体とし、2個戦車教育大隊は第1及び第300戦車教育大隊（Pz.Ausb. Abt. 1, 300）により編成。

　1945年4月2日現在の第300戦車教育大隊は、パンター戦車2両とⅣ号戦車1両、Ⅲ号突撃砲3両を保有。

ヴェストファーレン戦車教育兵団
（Panzer-Ausbildungs-Verband《Westfalen》）

　第11及び第500戦車教育大隊（Pz.Ausb.Abt. 11, 500）により編成。

1945年4月2日の第11戦車教育車連隊はⅡ号戦車2両とⅣ号戦車4両、パンター戦車3両、Ⅲ号突撃砲2両、ヘッツァー駆逐戦車1両を、また第500戦車教育大隊（同大隊はティーガー戦車乗員を養成していた）はⅢ号戦車4両とパンター戦車5両、ティーガー戦車17両をそれぞれ保有していた。

フランケン戦車教育兵団（Panzer-Ausbildungs-Verband《Franken》）

　戦車連隊本部はグラーフェンヴェーア戦車猟兵学校（Pz. Jg.Schule《Grafenwoehr》）を母体とし、2個大隊は第7教導戦車戦車教育大隊（Pz.Ausb.Abt. 7）、ベアゲン戦車教導大隊（Panzer-Lehr-Abteilung Bergen）により編成。

　1945年4月2日の第7戦車教育大隊の装備はⅢ号戦車1両、Ⅲ号突撃砲1両、ヘッツァー駆逐戦車4両を、またベアゲン戦車教導大隊の装備はパンター戦車1両とⅣ号戦車2両、Ⅲ号突撃砲18両を数えた。

ベーメン戦車教育兵団（Panzer-Ausbildungs-Verband《Böhemen》）

　シュレージェン戦車師団本部（Stab Pz.Div.《Schleisen》）、第17及び第18戦車教育大隊（Pz.Ausb.Abt. 17, 18）により編成。

　1945年4月15日のベーメン戦車教育兵団には、Ⅳ号戦車16両、Ⅲ号突撃砲3両、ヘッツァー駆逐戦車12両、Ⅳ号突撃戦車ブルムベア（Strumpanzer Ⅳ《Brummbar》）3両があった。

グロースドイッチュラント戦車教育兵団
（Panzer-Ausbildungs-Verband《Großdeutschland》）

　第20戦車教育大隊（Pz.Ausb.Abt. 20）、グロースドイッチュラント戦車教育大隊（Pz.Ausb.Abt.《Großdeutschland》）により編成。

ドナウ戦車教育兵団（Panzer-Ausbildungs-Verband《Donau》）

　ホルシュタイン戦車師団本部（Stab Pz.Div.《Holstein》）、第4及び第35戦車教育大隊（Pz.Ausb.Abt. 4, 35）により編成。

69：セーケシュフェヘールヴァール市地区で撃破された20㎜ Flak38 高射砲4連装Ⅳ号対空戦車ヴィルベルヴィント。1945年3月。同車は二色迷彩と車体にツィンメリット塗装を施され、砲塔に戦術番号044を持つ（白の29はソ連軍戦利品管理隊が付けた）。これは対空戦車としては珍しい。車体正面装甲板には76㎜徹甲弾の弾痕が見える。（ASKM）

70：ケーニヒスベルク防衛戦でソ連軍部隊に破壊されたⅣ号戦車Ｊ型。1945年4月。

第9章
ティーガー装備戦車部隊
ЧАСТИ, ВООРУЖЕННЫЕ ТАНКАМИ 《ТИГР》

71

71：チェンストホフ市地区に遺棄されていた第501重戦車大隊のⅥ号戦車E型ティーガーⅠ。1945年1月（監修者）。

　ティーガー戦車で武装した軍直轄重戦車大隊（schwere Heeres Panzer-Abteilung）が初めて前線にデビューしたのは1942年のことであった。戦争の経過とともにその編成も何度か修正された。1944年11月1日、新たに、そして最後の戦力定数指標が制定された。

　重戦車大隊本部及び本部中隊K.St.N.1107、ティーガー重戦車中隊K.St.N.1176、修理中隊K.St.N.1187、大隊補給中隊K.St.N.1151。

　これらの定数によれば、大隊本部は自動車5台と本部中隊（ティーガー3両）、常備中隊3個（1個中隊に各14両——中隊本部が2両、3個小隊が各4両）、輸送縦隊1個を擁することになる。これに加え、1945年1月1日には大隊の編成に対空小隊1個（Ⅳ号対空戦車8両とSd.Kfz.7/1対空自走砲3両）が導入された。大隊全部では、ティーガーまたはケーニヒスティーガー戦車45両、高射自走砲11両、ベルゲパンター戦車回収車5両、牽引車34両、自動車171台を数えた。

　以下、1945年に前線で行動中の軍直轄重戦車大隊を概観しよう。

第424軍直轄重戦車大隊（schwere Heeres Panzer-Abteilung 424）

　1944年12月19日、第501軍直轄重戦車大隊（schwere Heeres Panzer-Abteilung 501）から改称。

　1945年1月1日の同大隊にはティーガーⅠ戦車23両（内1両は修理中）とケーニヒスティーガー戦車20両があった。1月14日にキールツェ地区で戦闘に投入される。数日のうちにすべての戦車を失い、大隊残存将兵はパーダーボルンに避難した。2月に入り、生存乗員からヤークトティーガーの第512重戦車猟兵大隊第2中隊が編成された。[注89]

第502軍直轄重戦車大隊（schwere Heeres Panzer-Abteilung 502）

　1942年5月25日に編成され、独ソ戦線で活躍。

　1944年12月末、ティーガーⅠ戦車で武装した同大隊はメーメル（現・リトアニア共和国クライペダ）でドイツ東プロイセン部隊主力から分断されていた。1945年1月5日、第502大隊は第511軍直轄重戦車大隊（schwere Heeres Panzer-Abteilung 511）に名称を改める。

第504軍直轄重戦車大隊（schwere Heeres Panzer-Abteilung 504）

　1943年1月18日編成。

　1945年1月初頭はイタリアにあって、ティーガーⅠ戦車17両を

［注89］第3中隊のみはパーダーボルンに留まり、第500戦車補充教育大隊のティーガーⅠ型2両、パンター1両、Ⅳ号戦車1両を装備して防衛戦を展開後、ヘクスター付近でアメリカ軍に投降した。

保有。2月4日には、第508重戦車大隊のティーガーⅠ戦車15両で補充される[注90]。4月28日にはすべての戦車を失い、同大隊は5月3日にイギリス軍部隊に投降した。

第505軍直轄重戦車大隊（schwere Heeres Panzer-Abteilung 505）

1943年1月24日に編成。

1945年1月1日まで東プロイセンにあり、ケーニヒスティーガー戦車37両（内3両は修理中）を保有していた。同大隊は1月15日に戦闘に入り、2月5日までに19両の戦車を失い、さらに6両が大きな損傷を負った。

3月15日現在の同大隊にはケーニヒスティーガーが13両あり、そのうち1両が修理中であった。1945年4月のケーニヒスベルク防衛戦では戦車をすべて失い、生存将兵はソ連軍部隊に投降した。[注91]

第506軍直轄重戦車大隊（schwere Heeres Panzer-Abteilung 506）

1943年9月編成。

1945年は西部戦線で行動。同年1月まではティーガーを14両とケーニヒスティーガーを33両保有していたが、2月16日現在の残存車両は全部で25両であった。大隊残存部隊はルール包囲網の中、1945年4月18日にアメリカ軍に降伏した。[注92]

第507軍直轄重戦車大隊（schwere Heeres Panzer-Abteilung 507）

1943年9月編成。

1945年1月30日に第507軍直轄重戦車大隊（1個中隊を除く）は独ソ戦線からゼンネラーガーにケーニヒスティーガーへの換装のため帰還すべしとの命令を受領。1945年2月20日、残る第507大隊第1中隊も大隊に帰隊した。

同大隊はケーニヒスティーガーを1945年3月19日に4両、同22日に11両、同31日に6両を受領。さらに、4月初旬には第510及び第511重戦車大隊それぞれの第3中隊からケーニヒスティーガー6両を譲渡されている。これによって、第507重戦車大隊が保有するケーニヒスティーガーの総数は27両に達した。

同大隊は4月8日に戦闘に入ったが、数日の間に全車両を失った。1945年4月16日から17日にかけての夜間、第507重戦車大隊は第508重戦車大隊残存部隊とともにプラハ西方の地区に移駐した。1945年4月17日、第507重戦車大隊は第507戦車大隊（Panzer-Abteilung 507）に改編され、ヘッツァー駆逐戦車で武装されることになった[注93]。最初のヘッツァー駆逐戦車が大隊に到着したのは4月25日であるが、5月11日、第507大隊残存部隊はプラハの東

72：第505重戦車大隊所属のⅥ号戦車B型ケーニヒスティーガー。東プロイセン、1945年4月初頭。

[注90] 1945年4月14日まではティーガーⅠ型26両を保有していたが、アルジェンタ付近での撤退戦の際に故障車両が続出して戦車回収車両のベルゲパンター 2両も喪失したため、一気にティーガーⅠ型14両を失った。

[注91] 1945年4月15日に最後のケーニヒスティーガー 5両を喪失し、大隊は解散された。ピーラウまで脱出できたのは一部の乗員のみであった。

[注92] 1945年4月11日までは全部で11両を保有していた。イーザーローンの森林地帯で最後の防衛戦を展開後にアメリカ軍に降伏した。

[注93] 第507戦車大隊はⅣ号対空戦車（オストヴィント）数両とヘッツァー 10両を装備していたらしい。5月8日のドイツ降伏後、残存隊員の大半はビルゼン方面へ退避し、第3中隊のみがヘッツァーで武装してアメリカ軍占領区を目指して西進した。同中隊はローゼンタール付近でアメリカ軍に投降することに成功したが、後日、ソ連軍に引き渡されている。

73：赤軍部隊が鹵獲した第509軍直轄重戦車大隊所属のⅥ号戦車B型ケーニヒスティーガー。ハンガリーのバラトン湖地区、1945年3月。履帯と右舷駆動輪がないので、同車は修理中で後方への避難が試みられていたのだろう。戦車の迷彩と砲塔側面の番号322が良く視認できる。白の番号326はソ連軍戦利品管理隊が付けた。正面装甲板には同車の撮影を行うソ連軍カメラマンの影が映っている。（ASKM）

74：ソ連軍砲兵の射撃で破壊された第509軍直轄重戦車大隊所属のⅥ号戦車B型ケーニヒスティーガー。ハンガリーのバラトン湖地区、1945年3月。車体の黒い色からして、全焼したものと見られる。279の番号はソ連軍戦利品管理隊が付けたもの。（ASKM）

[注94] 実際に譲渡したのは1945年2月12日である。なお、1945年3月27日にフレンズブルクにて、ティーガー I 型1両とパンター 6両により小規模な戦闘団が編成された。

でソ連軍部隊降伏した。

第508軍直轄重戦車大隊（schwere Heeres Panzer-Abteilung 508)

　1943年9月に編成され、同年11月に独ソ戦線に出征、1944年2月にはイタリアへ転戦した。

　1945年初頭はイタリアで活動。2月4日には当時15両残っていたティーガー I 戦車を第504重戦車大隊に譲渡し、ドイツへ休息とケーニヒスティーガー戦車への換装のため帰還した[注94]。しかし、兵器の不足から同大隊の兵員は他の重戦車大隊の補充に当てられた。

第509軍直轄重戦車大隊（schwere Heeres Panzer-Abteilung 509)

　1943年11月に編成され、独ソ戦線で活動。1944年9月には休息と部隊改編のため戦列を外れる。このとき同大隊はケーニヒスティーガー戦車11両を受領するが、やがてそれらはSS第501重戦車大隊（schwere SS-Panzer-Abteilung 501）に引き渡された。第509重戦車大隊が新たにケーニヒスティーガーを手にするのは1944年12月5日から1945年1月1日にかけてのことである。

　1945年1月12日、第509重戦車大隊はケーニヒスティーガー 45両とⅣ号対空戦車3両を擁してハンガリーへ出発。1月18日にバラトン湖の北で戦闘に突入した。1月から2月にかけての戦いで7両のケーニヒスティーガーが全損となった。1945年3月6日、バラトン

75：ソ連軍砲兵に撃破された第509軍直轄重戦車大隊所属のⅥ号戦車B型ケーニヒスティーガー（Pz. VI Ausf.B《Konigstiger》）。ブダペスト地区、1945年2月。砲身は砲弾で吹き飛ばされている。砲塔には砲塔番号213が見える。（ASKM）

75

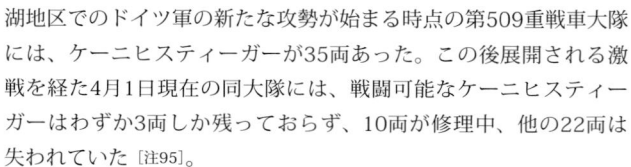

湖地区でのドイツ軍の新たな攻勢が始まる時点の第509重戦車大隊には、ケーニヒスティーガーが35両あった。この後展開される激戦を経た4月1日現在の同大隊には、戦闘可能なケーニヒスティーガーはわずか3両しか残っておらず、10両が修理中、他の22両は失われていた［注95］。

4月16日、第509重戦車大隊がオーストリアで戦っていたときは15両のケーニヒスティーガーがあったが、すべて修理中であった。1945年5月初頭、大隊残存部隊はリンツ郊外でアメリカ軍に投降した。［注96］

第510軍直轄重戦車大隊（schwere Heeres Panzer-Abteilung 510）

1944年6月に編成され、独ソ戦線で活動。

1944年末からはクーアラントに孤立したドイツ軍部隊の中にいた。1945年1月1日現在、ティーガーⅠ戦車22両を持ち、そのうち2両は修理中であった。同大隊は1月半ばに戦闘に入り、その後後方に外れるが、2月12日に再び戦闘に投入された。3月1日現在の同大隊に残っていた可動戦車は5両のみで、さらに10両が修理中、

76：ケーニヒスベルクの市街戦で赤軍部隊に破壊された第511軍直轄重戦車大隊のⅥ号戦車E型ティーガー。1945年4月。（ASKM）

77：ソ連軍航空隊によってピーラウ港で破壊された第511軍直轄重戦車大隊のⅥ号戦車E型ティーガー。東プロイセン、1945年4月。（ASKM）

［注95］大隊日誌によると1945年4月1日現在の保有数はケーニヒスティーガー13両であり、可動数9両とある。
［注96］1945年5月6日まではなお14両を有していたが、カップリッツ付近で9両が行動不能となり、5月8日に残存5両を破壊してアメリカ軍に降伏した。

7両は戦闘で失われていた。

　3月半ばになると、戦車のない兵員たちはケーニヒスティーガー戦車を受領すべく、海路ドイツに護送された。彼らは第510重戦車大隊第3中隊を編成し、後に西部戦線で活動した［注97］。

　クーアラントに残った第510大隊のティーガー戦車は1個中隊にまとめられた。1945年4月15日現在、そこには13両の戦車があったが、すべて修理中であった。大隊兵員は1945年5月11日赤軍部隊に降伏し、このとき修理中の戦車はすべて爆破された。

第511軍直轄重戦車大隊（schwere Heeres Panzer-Abteilung 511）

　1945年1月5日、第502重戦車大隊を改称して編成。

　1945年1月下旬はフリッシュ砂嘴を通ってメーメル（現・リトアニア共和国クライペダ）から東プロイセンに撤退した。1月12日現在の同大隊には、ティーガーI戦車15両があった。

　第511重戦車大隊は1月14日に戦闘に突入。3月15日現在の保有戦車はティーガー20両（内9両は修理中）である。戦車がなくなった同大隊第3中隊は、ケーニヒスティーガー戦車を受領すべく、海路ドイツに護送された。1945年4月16日現在の第511重戦車大隊第の武装は、ティーガー戦車7両と教育部隊から譲渡された38（t）戦車6両であった。大隊の最後のティーガーは1945年4月25日、ピ

［注97］後述する第3中隊以外の兵員はシュヴィーネミュンデを経由してプトロス戦車学校に集結し、そこで型式不明の訓練用戦車2両を受領。小規模な戦闘の末、5月8日にイギリス軍に降伏した。

78：故障と燃料の枯渇で乗員が遺棄した第505軍直轄重戦車大隊所属のVI号戦車B型ケーニヒスティーガー 2両。東プロイセン、1945年3月。（ASKM）

ーラウ防衛戦で斃れた。[注98]

第510及び511軍直轄重戦車大隊の第3中隊
(3. Kompanien/ schwere Heeres Panzer-Abteilung 510 und 511)

　ヘンシェル社が生産した最後のケーニヒスティーガー 13両は、工場から直接第510及び第511軍直轄重戦車大隊それぞれの第3中隊に送り出された。3月31日、両中隊はケーニヒスティーガーを各々8両保有している旨の報告が陸軍総司令部に届いた。このうちの12両はヘンシェル社の工場から直接受領した全くの新車で、他の4両はもう少し前の1944年末に生産されたものであった。1945年4月1日に両中隊はそれぞれ7両のケーニヒスティーガーでもってカッセル（Kassel）で戦闘に入った。この時点までに他の2両は空襲で失われていたからだ。数日間に両中隊は8両の戦車を失った。1945年4月8日、生き残っていた6両のケーニヒスティーガーは第507重戦車大隊に引き渡された。[注99]

フェルトヘルンハレ軍直轄重戦車大隊
(schwere Heeres Panzer-Abteilung 《Feldherrnhalle》)

　1942年5月5日、第503軍直轄重戦車大隊（schwere Heeres Panzer-Abteilung 503）として編成され、独ソ戦線で活動。1944年

[注98] 正しくは38（t）戦車ではなくヘッツァーである。また、大隊最後のケストラー曹長が乗車するティーガー217号車は、1945年4月27日の戦闘で爆破された。

[注99] 事実誤認である。第597重戦車大隊がそれぞれの中隊用ケーニヒスティーガー6両を受領したのは1945年3月22日である。第511重戦車大隊/第3中隊はハルツ山中まで戦闘を継続し、4月19日にターレで解散した。また、第510重戦車大隊/第3中隊は、2個グループに分かれて別々に戦闘を行い、4月17日に解散した。両中隊の残存戦車は、解散の際にすべて爆破されたと考えられる。

[注100] チェコのブトヴァイス（英語読みはバドワイザー）付近で最後のティーガー2両を爆破してアメリカ軍に投降するが、後に400名以上がソ連軍に引き渡された。

[注101] 1945年2月1日以降、グロースドイッチュラント重戦車大隊は実質的に消滅し、師団残存車両による戦闘団が編成された。3月1日現在の戦闘団の編成は次の通り。
・指揮小隊：ティーガー1両、Ⅳ号戦車2両
・重戦車中隊：ティーガー7両、Ⅳ号突撃戦車「ブルムベア」1両
・中戦車中隊：パンター5両、Ⅳ号戦車1両
・混成突撃砲中隊：突撃砲2両、Ⅳ号駆逐戦車

1945年3月19日、最後のティーガーⅠ型2両が被弾擱座し、残存乗員はフリッシュ潟を通ってフリッシュ砂嘴へと脱出した。

12月21日にフェルトヘルンハレ重戦車大隊と名称を改め、同名の戦車軍団の麾下で行動するようになった。

1945年1月1日現在の同大隊には26両のケーニヒスティーガーがあり、そのうち13両が修理中であった。4月15日現在のデータでは、可動戦車は4両、さらに9両が修理中となっている。1945年5月10日、アメリカ軍に降伏した。[注100]

グロースドイッチュラント軍直轄重戦車大隊
(schwere Heeres Panzer-Abteilung《Großdeutschland》)

1943年6月29日、グロースドイッチュラント師団戦車連隊第3大隊として編成され、1944年12月16日にグロースドイッチュラント重戦車大隊に改称された。

1945年は東プロイセンで行動していた。1月11日現在の同大隊はティーガーⅠ戦車17両を保有していたが、3月19日までにそれらはすべて失われた。大隊残存兵員はソ連軍部隊に投降した。[注101]

79：ソ連軍砲兵に撃破されたⅥ号戦車E型ティーガー（Pz.Ⅵ Ausf.E《Tiger》）と、これを牽引していたベルゲパンター戦車修理回収車（Ⅴ号戦車G型ベース）。東プロイセン、1945年4月。両方の車両ともグロースドイッチュラント軍直轄重戦車大隊に所属。ベルゲパンターは大型斑点の迷彩を施されている。（ASKM）

第10章
戦車猟兵部隊
ПОДРАЗДЕЛЕНИЯ ИСТРЕБИТЕЛЕЙ ТАНКОВ

80

80：遺棄されていた88mm対戦車自走砲ナースホルンの砲身に腰掛ける赤軍兵。ブレスラウ地区、1945年3月。履帯がないので、この自走砲は修理のために牽引移送されていたところ、擱座して遺棄されたようだ。戦争末期、このタイプの車両は、軍直轄の戦車猟兵大隊か、戦車または機甲擲弾兵師団戦車猟兵大隊で使用されていた。(ASKM)

　ドイツ国防軍には戦車師団や機甲擲弾兵師団の戦車猟兵大隊のほかに、さまざまな編成の戦車猟兵部隊がかなり多数あった。

　1943年には独立重戦車猟兵大隊（schwere Panzer-Jäger-Abteilung）が5個編成され、対戦車自走砲ナースホルン（《Nashorn》）が配備されていた。各大隊は自走砲45両（各14両の中隊3個、大隊本部3両）を保有していた。

　1944年春のドイツ国防軍には、38（t）戦車をベースに開発された軽駆逐戦車ヘッツァー（Jagdpanzer 38《Hetzer》）が配備された。4月には既に、この新型戦闘車両の量産が始まると同時に、陸軍司令部は全歩兵師団の中にこの車両からなる戦車猟兵中隊（Panzer-Jäger-Komapanien）を編成することを決定した。採用された戦力標準指標によれば、1個中隊は本部（2両）と3個小隊（各4両）からなり、全部で14両のヘッツァー駆逐戦車を保有することとなった。

　最初の14両のヘッツァーは1944年5月末に教育部隊に送られ[注102]、8月には最初の駆逐戦車中隊4個が第15、第76、第335、SS第20の各歩兵師団に誕生した。1944年9月からは戦車猟兵中隊

[注102] 最初の16両は兵器実験部第6課が管轄する各陸軍兵器実験場へと送られ、射撃試験や冷温試験などに供せられた。その次の7両は戦車猟兵学校"ミーラウ"へと送られた。その後の38両については、教育訓練用に補充軍へと送られた。

122

の編成が擲弾兵師団や国民擲弾兵師団、武装SS師団の中でも始まり、1945年には海軍歩兵師団にも創られた。しかし、すべての師団に駆逐戦車装備の戦車猟兵部隊を設置するという当初の計画は達成されなかった。

1945年3月15日の時点で81個の駆逐戦車装備の戦車猟兵中隊が編成済みで、そのうち51個は独ソ戦線で（ヘッツァー529両、内可動車両は359両）、26個が西部戦線で（ヘッツァー236両、内127両が可動車両）、また4個がイタリア戦線にて（ヘッツァー56両、内40両が可動）、それぞれ活動していた。4月中旬までにさらに10個以上の駆逐戦車装備の戦車猟兵中隊が編成されている。現存データを見る限り、すべての中隊が1から始まる4桁の番号を冠していたが、現在判明している部隊番号の数は少ない。

歩兵その他の師団内にあった独立中隊のほかに、ヘッツァー駆逐戦車は軍直轄戦車猟兵大隊（Heeres-Panzer-Jäger-Abteilung）にも支給されていった。

これらの大隊の編成は1944年7月初頭に始まった。陸軍総司令部が1944年4月14日に承認していた戦力定数指標K.St.N.1149によると、1個大隊は本部（乗用車5台、ヘッツァー3両）と3個中隊からなり、各中隊は本部（乗用車3台、ヘッツァー2両）と対戦車駆逐小隊3個（各4両）、輸送隊1個（自動車14台、半装軌式牽引車1両）という編成であった。つまり、1個中隊にはヘッツァー駆逐戦車が14両、1個大隊には45両という計算になる。

81：ダンツィヒ郊外で撃破された38(t)駆逐戦車ヘッツァー。1945年3月。同車には幅広の帯を引いた迷彩と車体前面装甲板に書かれた《Renate Boss》の文字、そして車体左側面に懸かった「幸運祈願」の馬の蹄鉄が良く視認できる。(ASKM)

7月13日までに最初のこのような部隊として第731軍直轄戦車猟兵大隊（Heeres-Panzer-Jäger-Abteilung 731）が創設された。そして7月28日、ヘッツァー駆逐戦車45両でもって独ソ戦線に向かった。7月末にはまた、第743軍直轄戦車猟兵大隊（Heeres-Panzer-Jäger-Abteilung 743）が編成され、やがてこれも独ソ戦線に送り込まれた。さらに同年9月には第741軍直轄戦車猟兵大隊（Heeres-Panzer-Jäger-Abteilung 741）が前線へ移動し、翌1945年2月に第561軍直轄戦車猟兵大隊（Heeres-Panzer-Jäger-Abteilung 561）、3月には第744軍直轄戦車猟兵大隊（Heeres-Panzer-Jäger-Abteilung 744）が続いた。このように、1945年4月初めまでに5個の軍直轄戦車猟兵大隊が編成され、前線に去っていった。さらに少なくとも3個大隊（第2、第3、第6）が4月前半に編成されているので、終戦までにドイツ国防軍が持っていた、ヘッツァー駆逐戦車で武装した軍直轄戦車猟兵大隊は8個を下らない。

　1945年には少なくとも2個のヘッツァー装備の駆逐戦車旅団が編成され、歩兵師団や国民擲弾兵師団の戦車猟兵中隊を編成する上でのベースとなるはずであった。しかし戦線がドイツ国境に迫ってくると1個旅団は戦闘に投入され［注103］、残る1個は兵器の欠如から戦闘には加わらなかった。

　1944年1月に重駆逐戦車ヤークトパンター（《Jagdpanther》）の生産が始まった。最初の量産車両は、1943年の編成以来フェルディナント駆逐戦車で武装していた第654重戦車猟兵大隊（schwere Heeres-Panzer-Jäger-Abteilung 654）に届いた。1944年3月1日、陸軍司令部は軍直轄戦車猟兵大隊本部の戦力定数指標K.St.N.1149aと重戦車猟兵中隊の戦力定数指標K.St.N1149cを承認した。これらの戦力定数指標によれば、重戦車猟兵大隊は大隊本部にヤークトパンター3両と各14両の中隊3個を擁し、全部で45両のヤークトパンターを保有することになっている。1944年11月14日には重戦車猟兵大隊本部に、4連装20㎜ Flak38高射砲搭載のⅣ号対空戦車ヴィルベルヴィント4両と37㎜ Flak43高射砲搭載のⅣ号対空戦車メーベルヴァーゲン4両からなる対空中隊1個が導入された。

　ヤークトパンター重戦車猟兵大隊の一部は、兵器や装備の受領のため後方に到着していたナースホルン大隊を基幹として編成された。1944年の4月から8月の間に全部で7個のヤークトパンター重戦車猟兵大隊（schwere Heeres-Panzer-Jäger-Abteilung 519, 559, 560, 563, 616, 654, 655）が編成された。しかし、ヤークトパンターの生産量が少なかったために、これらの部隊に完全配備することはできなかった。このうちいくつかの大隊、例えば第616大隊では、ヤークトパンターを配備されたのが1個中隊だけだった。それゆえ、重戦車猟兵大隊の多くにはⅣ号駆逐戦車70型やⅣ号駆逐

［注103］後述する第104駆逐戦車旅団が、ヴィッスラ軍集団に配属された。

82：赤軍部隊が鹵獲した第560軍直轄重戦車猟兵大隊所属のヤークトパンター駆逐戦車。ハンガリーのバラトン湖地区、1945年3月。目に見える損傷がないので、同車は故障か燃料の枯渇で乗員に遺棄されたものと思われる。(ASKM)

車があった。ヤークトパンター配備率が最も高い4個大隊（第519、第559、第654、第655）は西部戦線で戦い、他の3個（第560、第563、第616）は独ソ戦線で活動した。

　軍直轄重戦車猟兵大隊のほかに、ヤークトパンター中隊が国防軍や武装SSの戦車師団や機甲擲弾兵師団の編成に組み込まれていたことも指摘しておかねばならない。1945年の1月から3月にかけて、このような中隊（各4両～14両）は第2、第4、第8、第12、第25、第130教導の各戦車師団と総統擲弾兵師団に編入された［注104］。

　1944年の夏は重駆逐戦車ヤークトティーガーの生産が始まった。新型戦闘車両はまず教育部隊に支給され、1944年9月からは第653軍直轄重戦車猟兵大隊（schwere Heeres-Panzer-Jäger-Abteilung 653）に配備されるようになった。同大隊は1943年の編成で、以後フェルディナント駆逐戦車で武装されていた。当初大隊の編成定数はヤークトパンター大隊と同じく、3個中隊の45両とⅣ号対空戦車8両の対空中隊1個であった。しかし1945年の初頭、第653大隊の編成にSd.Kfz.251装甲兵員輸送車の各種派生型14両（大隊本部に4両と新設偵察中隊に10両）が加えられた。

　1945年3月には第512軍直轄重戦車猟兵大隊が編成され、やはりヤークトティーガーで武装された。しかし、兵器不足から同大隊の完全配備はできなかった。

　これら2個のヤークトティーガー大隊はどちらも西部戦線で戦ったが、1945年5月の初めに第653大隊のヤークトティーガー数両がオーストリアで赤軍部隊に鹵獲された。

　Ⅳ号駆逐戦車70型で特別編成された部隊はなかった。Pz.Ⅳ/70（A）はきまって、突撃砲旅団や突撃砲兵旅団、独立戦車大隊の装備

［注104］武装SS部隊としては、SS第2、SS第9、SS第10戦車師団が1945年2月にヤークトパンター各10両を受領している。

83：擱座して乗員に遺棄されていたIII号戦車回収車（Bergepanzer III）。ブダペスト地区、1945年2月。履帯の下に木材が見えるので、擱座したこの車両を引き出そうとしていたようだ。III号戦車回収車は全部で176両生産され、戦車猟兵大隊や突撃砲旅団で使用された。同車は迷彩を施され、25はソ連軍戦利品管理隊が付けた番号。（ASKM）

定数充足に当てられた。Pz.IV/70（V）は戦車及び機甲擲弾兵師団や戦車旅団の残存部隊に配備され、またヤークトパンター軍直轄重戦車猟兵大隊が兵器不足の際に支給されていた。

以下は、1945年に作戦行動中の戦車猟兵部隊の一部に関するデータである。

戦車駆逐旅団・戦車猟兵大隊

第104戦車駆逐旅団（Panzer-Jagd-Brigade 104）

1945年1月24日に第104戦車旅団本部を基幹として戦車駆逐大隊6個で編成された（1個大隊の編成は、ヘッツァー駆逐戦車各14両保有の中隊2～3個、装甲兵員輸送車16両の偵察中隊1個——Sd.Kfz.251/3が1両、Sd.Kfz.251/21が5両、Sd.Kfz.250/1が5両、Sd.Kfz.250/3が5両）。大隊のヘッツァー中隊は部隊番号を持たない。同旅団の編成には次の部隊が使用されている[注105]。

第21、第129、第203、第542、第547、第551歩兵師団配下の戦車猟兵中隊、第111突撃砲教導旅団残存部隊、ミュンヘン（《München》）偵察大隊、第115偵察大隊（両大隊とも装甲兵員輸送車で行動）、クランプニッツ（《Krampnitz》）装甲兵員輸送車中隊。

同旅団が兵器を完全配備されていたかどうか定かではない。2月3日現在では第1大隊の編成のみ判明している。

[注105] 計画された編成は次の通りであった。
- 旅団本部
- 機甲偵察中隊 "クランプニッツ"
- 第1～第6戦車駆逐大隊
- 第111突撃砲教導旅団
- 第115機甲偵察大隊・機甲偵察大隊 "ミュンヒェン"

なお、旅団は実質的にはヴィスラ軍集団戦区に分散配置された。

機甲偵察中隊1個（装甲兵員輸送車16両）、Ⅳ号突撃砲中隊1個（14両）、ヘッツァー駆逐戦車中隊2個（各14両）。[注106]

1945年2月初頭に同旅団は前線に向かい、そこでヴィッスラ軍集団に編入された。激戦を重ねる中で損害を大きくしていき、3月初めにはほぼ全滅していた。

第123戦車駆逐旅団（Panzer-Jagd-Brigade 123）

いくつかの書類の中では、旅団指揮官の名前をとってトゥルンパ戦車駆逐旅団（Panzer-Jagd-Brigade《Trumpa》）と呼ばれている。1945年4月初め、第219突撃砲大隊の残存部隊から編成され、ヘッツァー戦車猟兵大隊を2個持っていた。ただし、装備を受け取れなかったため（1個中隊のみ配備）、戦闘には加わらなかった。オーストリアのフライシュタット市地区にあり、1945年5月初めにアメリカ軍部隊に投降した。

第2戦車駆逐大隊（Panzer-Jagd-Abteilung 2）

1945年4月7日まではベルリン方面を守る第9軍の編成内にあり、ヘッツァー駆逐戦車24両（内1両は修理中）を持っていた。[注107]

第3戦車駆逐大隊（Panzer-Jagd-Abteilung 2）

1945年4月29日、ベルリン包囲網の解囲を試みるヴェンク将軍の第12軍に編入。

同大隊の戦闘編成に関するデータは不明。[注108]

第6戦車駆逐大隊（Panzer-Jagd-Abteilung 6）

1945年4月7日まではベルリン方面を守る第9軍の編成下にあり、Ⅲ号戦車1両とヘッツァー駆逐戦車15両（内4両は修理中）を保有。[注109]

第69軍直轄戦車猟兵大隊（Heeres Panzer-Jäger-Abteilung 69）

1944年8月9日、第177突撃砲旅団を改編。同年12月、第3騎兵旅団に付与されてハンガリーに進み、ブダペスト近郊の戦闘に参加。当時の大隊にはⅢ号突撃砲が10両あった。1945年3月末にはオーストリアに後退し、大隊残存部隊はライプニッツ市郊外でアメリカ軍に降伏した。[注110]

第472軍直轄戦車猟兵大隊（Heeres Panzer-Jäger-Abteilung 472）

1945年3月、チェコスロヴァキアに展開中の第1戦車軍に編入。同大隊の戦闘編成に関するデータは不明。

[注106] 第1戦車駆逐大隊（Panzer-Jagd-Abteilung 1）は、1945年4月7日現在でⅢ号突撃砲4両、Ⅳ号突撃砲12両（うち1両は修理中）、ヘッツァー10両を装備し、第3戦車軍に属していた。

[注107] 事実誤認である。大隊はヘッツァー25両（うち1両は修理中）を保有していた。

[注108] 戦車大隊"シュターンスドルフ1"を母体に1945年4月より編成開始。大隊長はベーナー少佐で編成は次の通り。
・大隊本部
・2個駆逐戦車中隊（ヘッツァー各15両）
・1個機甲偵察中隊
・1個装甲車両中隊
なお、装甲偵察中隊および装甲車両中隊は各種装甲車（SPW）を20両程度装備していた。戦術上、歩兵師団"テオドーア・ケアナー"師団と行動を伴にした。

[注109] 事実誤認である。同大隊は1945年4月7日時点では第3戦車軍に属していた。また、保有数はヘッツァー19両（うち4両は修理中）であり、Ⅲ号戦車1両は輸送中でこの時点では装備していない。

[注110] 大隊の1945年3月1日付の編成は次の通り。
・大隊本部
・第1中隊（突撃砲3両、突撃榴弾砲3両）
・第2中隊（突撃砲2両、Ⅳ号戦車/70(V)2両）
・第3中隊（突撃砲2両、突撃榴弾砲1両、Ⅳ号戦車/70(V)4両）

第510軍直轄戦車猟兵大隊（Heeres Panzer-Jäger-Abteilung 510）

1945年2月～3月はブランデンブルク地区で活動。戦闘編成は不明。[注111]

第512軍直轄重戦車猟兵大隊
（schwere Heeres-Panzer-Jäger-Abteilung 512）

1945年1月15日現在、Ⅳ号駆逐戦車70（V）型10両とヘッツァー駆逐戦車28両を保有。2月末はパーダーボルンで軍直轄重戦車猟兵大隊に改編され、ヤークトティーガー重駆逐戦車で武装されることとなった。3月3日から同14日の間にヤークトティーガー25両を受領。

同大隊は西部戦線に送られた。しかし、1945年3月末に包囲され、アメリカ軍部隊に投降した。[注112]

第519軍直轄重戦車猟兵大隊
（schwere Heeres-Panzer-Jäger-Abteilung 519）

1944年8月、ナースホルン自走砲で武装した第519重戦車猟兵大隊を基幹に編成。1944年9月末に西部戦線へ赴き、そこで終戦まで活動した。当時ヤークトパンター17両とⅢ号突撃砲28両を保有。

1945年1月15日現在の同大隊にはヤークトパンターが11両（内9両が可動車両）あり[注113]、3月15日現在のデータでは12両（内可動車両は2両）となっている。4月中旬までに同大隊は兵器をすべ

[注111] 大隊の第1および第2中隊は1945年1月にヘッツァー各14両を受領している。

[注112] アルバート・エルンスト大尉率いる第1中隊の最後の3両は、4月16日にイーザーローンにて降伏。オットー・カリウス中尉率いる第2中隊の最後の6両は、4月15日にエアグステにて降伏。アーノルト曹長が乗車する第3中隊の最後のヤークトティーガーは、4月14日にブラウンラーゲにて撃破された。

[注113] 1月15日ではなく、1945年2月5日付けの西部戦線状況報告書の数値である。

84：砲弾の直撃で破壊された88mm対戦車自走砲ナースホルン（《Nashorn》）の残骸。ケーニヒスベルク、1945年4月。（ASKM）

て失い、5月初めにアメリカ軍部隊に降伏した。［注114］

第559軍直轄重戦車猟兵大隊
（schwere Heeres-Panzer-Jäger-Abteilung 559）

　1944年8月、ナースホルン自走砲で武装した第525重戦車猟兵大隊を基幹に編成。1944年9月末に西部戦線へ赴き、そこで終戦まで活動した。当時ヤークトパンター 17両とIII号突撃砲28両を保有。

　1945年1月15日現在の同大隊にはヤークトパンターが18両、3月15日現在では9両（内可動車両は2両）があった。4月末に同大隊はイギリス軍に降伏した。［注115］

第560軍直轄重戦車猟兵大隊
（schwere Heeres-Panzer-Jäger-Abteilung 560）

　1944年4月に編成が始まったが、兵器を受領したのは同年11月のことであった。1944年12月3日、ヤークトパンター 14両とIV号駆逐戦車70（V）型31両でもって西部戦線に出発した。

　1945年1月15日現在の同大隊にはヤークトパンター 6両（内3両が可動車両）しかなかった［注116］。1945年2月末に独ソ戦線に移され、3月にはハンガリーのバラトン湖地区でのドイツ軍の攻勢作戦に参加。3月15日現在、同大隊に残った可動兵器はヤークトパンター 1両のみだった。1945年5月初頭、連合国軍部隊に降伏。［注117］

第561軍直轄戦車猟兵大隊（Heeres Panzer-Jäger-Abteilung 561）

　1945年1月15日現在、20両のヘッツァー駆逐戦車を保有していた。

第563軍直轄戦車猟兵大隊（Heeres Panzer-Jäger-Abteilung 563）

　1944年8月に編成が始まったが、兵器の受領はようやく同年11月のことであった。1944年12月、ヤークトパンター 9両とIV号駆逐戦車24両でもって東プロイセンに赴く。1945年1月13日に戦闘活動に入り、グルードウスク、アーレンシュタイン、ゲートシュタットの各地区で戦う。2月1日の時点で同大隊に残っていたのはヤークトパンター 5両とIV号駆逐戦車3両で、2月18日までに全滅した。［注118］

第616軍直轄戦車猟兵大隊（Heeres Panzer-Jäger-Abteilung 616）

　1944年8月に編成が始まったが、兵器はようやく同年11月に受領した。ただし、それも1個中隊のみだった。同中隊は1944年12月、ヤークトパンター 9両で東プロイセンに移動。1945年1月13日に戦闘活動に入り、第563軍直轄重戦車猟兵大隊と行動をともにした

［注114］大隊は1945年4月6日にシュヴァインフルトへ移動し、第2戦車師団の指揮下となった。なお、同日には第2戦車師団向けのヤークトパンター 35両の輸送準備が完了したが、これらが第519軍直轄重戦車猟兵大隊に配備されたかどうかは不明である。
［注115］大隊は1945年4月20日に第7戦車師団へ編入された。なお、4月20日のヤークトパンター保有数は19両、4月26日の保有数は16両（うち4両が修理中）であった。
［注116］1月15日ではなく、1945年2月5日付けの西部戦線状況報告書の数値である。
［注117］1945年3月15日現在の大隊のヤークトパンター保有数は7両であり、可動数は1両のみであった。
［注118］正しくは全滅ではなく解隊である。なお、同大隊の消耗原因の大半は戦闘によるものではなく、技術的な要因などによるものであったらしい。

129

85：戦争終結後に撮影されたIV号駆逐戦車70(A)型。チェコスロヴァキア、1945年5月。(ASKM)

が［注119］、1945年2月初頭までに全滅した。

第653軍直轄重戦車猟兵大隊
(schwere Heeres-Panzer-Jäger-Abteilung 653)

　1943年1月に第653重戦車猟兵大隊として編成され、重駆逐戦車フェルディナントで武装された。1944年の夏に第653陸軍重戦車猟兵大隊と名称を改め、ヤークトティーガー重駆逐戦車に換装を始めた。このとき、残っていたフェルディナントはすべて大隊第2中隊にまとめられ、その後第614独立重駆逐戦車中隊に引き継がれた。

　1944年12月に第653大隊は、ヤークトティーガー16両の編成で西部戦線に向かい、ドイツ軍のアルデンヌ攻勢作戦に参加した。同大隊の保有するヤークトティーガーの数は、1945年1月22日現在32両（可動車両は16両）、2月1日は41両（22両が可動）、4月26日は14両（可動車両は1両のみ）と推移した。

　1945年5月初頭、第653大隊はオーストリアのリンツ地区にあったが、そこで5月5日にアメリカ軍部隊に投降した。同日、ヤークトティーガー4両からなる1個小隊がソ連第3ウクライナ方面軍のSU-76M自走砲大隊に拘束された。［注120］

第654軍直轄重戦車猟兵大隊
(schwere Heeres-Panzer-Jäger-Abteilung 654)

　1943年1月に第654重戦車猟兵大隊として編成され、重駆逐戦車フェルディナントを装備した。1944年3月に第654軍直轄重戦車猟兵大隊と名称を改め、ヤークトパンター駆逐戦車に換装を始めた。

［注119］1945年1月17日から20日の間に、ヤークトパンター9両を装備する大隊の第3中隊は第563軍直轄戦車猟兵大隊へと配属された。
［注120］大隊最後の砲塔番号312および324のヤークトティーガーは、オーストリアのリーツェン付近で5月7日にアメリカ軍に降伏した。また、ニーベルンゲン製作所へ向かった一部の乗員は新しいヤークトティーガー4両を受領し、SS第1戦車師団の戦闘団に配属され、5月5日にシュトレンブルク付近で3両（故障で1両は脱落）がソ連軍に降伏した。

1944年7月に第654大隊は、ヤークトパンター25両をもって西部戦線に向かい、終戦までそこで活動した。1944年12月16日までに定数を完全に充足する45両を装備し、ドイツ軍のアルデンヌ攻勢作戦に参加[注121]。同大隊の保有するヤークトパンターの数は、1945年1月15日現在41両（可動車両は26両）[注122]、3月15日は39両（12両が可動）、4月10日は29両（可動車両は5両のみ）と推移した。

1945年5月初頭、第654大隊はアメリカ軍部隊に投降した。

第655軍直轄重戦車猟兵大隊
（schwere Heeres Panzer-Jäger-Abteilung 655）

1944年8月に編成が始まったが、兵器はようやく同年11月に受領した。同大隊は1944年12月7日に西部戦線へ移動し、そこで終戦まで活動した。この当時、ヤークトパンター14両とIV号駆逐戦車70（V）型31両を保有していた。

1945年1月15日現在の同大隊はヤークトパンター14両（内12両が可動車両）を保有し[注123]、3月15日現在のデータは11両（可動車両4両）となっている。4月初めまでにすべての兵器を喪失。1945年5月初頭に連合国軍部隊に降伏した。

第731軍直轄戦車猟兵大隊（Heeres Panzer-Jäger-Abteilung 731）

1944年7月に編成され、定数によればヘッツァー駆逐戦車45両を持つことになっていた。同年秋に北方軍集団に編入され、1945年初頭はクーアラントにあった。同大隊の保有するヘッツァー駆逐戦車の数は、1945年1月1日は22両、2月1日は41両、3月15日は28両（可動車両は13両のみ）と推移した。1945年5月11日、赤軍部隊に降伏。[注124]

第743軍直轄戦車猟兵大隊（Heeres Panzer-Jäger-Abteilung 743）

1945年3月15日現在、ヘッツァー駆逐戦車を31両保有。[注125]

第744軍直轄戦車猟兵大隊（Heeres Panzer-Jäger-Abteilung 744）

1945年3月15日現在、ヘッツァー駆逐戦車を31両保有。[注126]

ベルリン戦車猟兵大隊（Panzer-Jäger-Abteilung《Berlin》）

1945年4月7日現在、ベルリン方面を守る第9軍第309ベルリン歩兵師団の編成下にあり[注127]、ヘッツァー駆逐戦車8両（内4両は修理中）を持っていた。[注128]

[注121] 事実誤認である。大隊は1944年12月16日までに定数45両に対してヤークトパンター25両しか装備していなかった。なお、12月25日までにさらに25両を受領した。

[注122] 1月15日ではなく、1945年2月5日付けの西部戦線状況報告書の数値である。

[注123] 1月15日ではなく、1945年2月5日付けの西部戦線状況報告書の数値である。

[注124] 大隊は1944年7月にヘッツァー45両、11月にヘッツァー10両を受領している。

[注125] 大隊は1944年7月にヘッツァー45両、1945年2月にヘッツァー31両を受領している。

[注126] 大隊は1945年3月にヘッツァー31両を受領している。

[注127] 1945年4月に師団は第309歩兵師団"グロースベルリン"と改称され、大隊も戦車猟兵大隊"グロースベルリン"となった。

[注128] 事実誤認である。大隊のヘッツァー保有数は12両であり、そのうち4両が修理中であった。

表5：1945年の戦車猟兵中隊

戦車部隊

●第1戦車軍特別編成戦車猟兵中隊
(Panzer-Jäger-Kompanien z.b.V Pz.AOK Ⅰ)
1945年1月、ヘッツァー駆逐戦車14両で編成。独ソ戦線で活動。

●第614重戦車猟兵中隊
(schwere Panzer-Jäger-Kompanien 614)
1944年秋編成。
1945年1月、エレファント重駆逐戦車4両とベルゲパンター戦車回収車1両の編成で、オッペルン地区で戦闘に入る。1945年2月はフランクフルト・オーデル近郊で行動し、4月はベルリン防衛戦に参加。1945年4月末にベルリンへの連絡路で壊滅した。[注129]

●第1001戦車猟兵中隊
(Panzer-Jäger-Kompanien 1001)
1945年4月初頭のドイツ側文書の中では『第1001戦闘団ナシュト』(Kampfgruppe 1001 Nasht)と、おそらく指揮官の名前を冠して呼ばれている[注130]。

1945年4月7日現在、ベルリン方面の防衛を担当していた第9軍第25機甲擲弾兵師団の編成内にあり、ヘッツァー駆逐戦車を37両（内2両は修理中）保有していた。[注131]

●第1005戦車駆逐中隊
(Panzer-Jäger-Kompanien 1005)
1945年4月7日現在、ベルリン方面の防衛を担当していた第9軍第5猟兵師団の編成内にあり、ヘッツァー駆逐戦車70（A）型10両とⅢ号突撃砲1両を保有。[注132]

●第1129戦車駆逐中隊
(Panzer-Jagdpanzer-Kompanien 1129)
1945年4月7日現在、ベルリン方面防衛の第9軍SS第5軍団の編成内にあり、ヘッツァー駆逐戦車10両（内2両が修理中）を保有。[注134]

●第1230戦車駆逐中隊
(Panzer- Jagdpanzer -Kompanien 1230)
1945年3月、ベルリン方面の防衛に当たっていた第9軍第169歩兵師団の中に編成され、4月7日現在でヘッツァー駆逐戦車10両を保有。

●第1235戦車駆逐中隊
(Panzer- Jagdpanzer -Kompanien 1235)
1945年4月、ヘッツァー駆逐戦車10両で編成され、西部戦線で活動した。

●第1245戦車駆逐中隊
(Panzer- Jagdpanzer -Kompanien 1245)
1945年4月、ヘッツァー駆逐戦車10両で編成され、西部戦線で活動した。

●第1265戦車駆逐中隊
(Panzer- Jagdpanzer -Kompanien 1265)
1945年4月、ヘッツァー駆逐戦車10両で編成され、西部戦線で活動した。[注135]

●第1269戦車猟兵中隊
(Panzer-Jäger-Kompanien 1269)
1945年4月中旬はシュテッティン近郊で活動していたが、戦闘編成は不明。[注136]

歩兵師団戦車猟兵中隊

●第17歩兵師団戦車猟兵中隊
1945年3月、ヘッツァー駆逐戦車10両で編成され、独ソ戦線で活動した。

●第21歩兵師団戦車猟兵中隊
1945年1月、ヘッツァー駆逐戦車14両で編成され、独ソ戦線で活動した。

●第65歩兵師団戦車猟兵中隊
1945年1月、ヘッツァー駆逐戦車14両で編成。

●第68歩兵師団戦車猟兵中隊
1944年12月、ヘッツァー駆逐戦車14両で編成され、西部戦線で戦った。

●第71歩兵師団戦車猟兵中隊
1945年3月、ヘッツァー駆逐戦車10両で編成され、独ソ戦線で活動した。

●第73歩兵師団戦車猟兵中隊
1945年1月、ヘッツァー駆逐戦車14両で編成され、独ソ戦線で活動した。

●第76歩兵師団戦車猟兵中隊
1944年8月、ヘッツァー駆逐戦車14両で編成。独ソ戦線で戦った。

●第79歩兵師団戦車猟兵中隊
1944年8月、ヘッツァー駆逐戦車14両で編成、西部戦線で戦った。

●第83歩兵師団戦車猟兵中隊
1945年1月、ヘッツァー駆逐戦車14両で編成され、独ソ戦線で活動した。

●第85歩兵師団戦車猟兵中隊
1945年4月、ヘッツァー駆逐戦車10両で編成され、西部戦線で活動した。

●第106歩兵師団戦車猟兵中隊
1945年4月、ヘッツァー駆逐戦車10両で編成。独ソ戦線で戦った。[注137]

●第129歩兵師団戦車猟兵中隊
1945年1月、ヘッツァー駆逐戦車14両で編成され、独ソ戦線で戦った。

●第163歩兵師団戦車猟兵中隊
1945年4月、ヘッツァー駆逐戦車10両で編成され、デンマークにいた。

●第181歩兵師団戦車猟兵中隊
1944年10月、ヘッツァー駆逐戦車14両で編成され、1945年1月にさらに10両を受領。イタリア戦線で活動した。[注138]

●第203歩兵師団戦車猟兵中隊
1945年1月、ヘッツァー駆逐戦車14両で編成され、独ソ戦線で戦った。

●第211歩兵師団戦車猟兵中隊
1945年1月、ヘッツァー駆逐戦車14両で編成され、独ソ戦線で戦った。

●第212歩兵師団戦車猟兵中隊
1945年4月、ヘッツァー駆逐戦車4両で編成され、西部戦線で活動した。

●第243歩兵師団戦車猟兵中隊
1944年11月、ヘッツァー駆逐戦車14両で編成され、西部戦線で戦った。

●第245歩兵師団戦車猟兵中隊
1944年12月、ヘッツァー駆逐戦車14両で編成。西部戦線で行動した。

●第251歩兵師団戦車猟兵中隊
1945年3月、ヘッツァー駆逐戦車10両で編成され、独ソ戦線で活動した。

●第257歩兵師団戦車猟兵中隊
1944年8月、ヘッツァー駆逐戦車14両で編成され、1945年1月にさらに14両の補充を受ける。西部戦線で活動した。

●第271歩兵師団戦車猟兵中隊
1945年1月、ヘッツァー駆逐戦車14両で編成され、独ソ戦線で戦った。

●第275歩兵師団戦車猟兵中隊
1945年1月、ヘッツァー駆逐戦車10両で編成され、独ソ戦線で戦った。[注139]

●第278歩兵師団戦車猟兵中隊
1945年1月、ヘッツァー駆逐戦車14両で編成。イタリア戦線で戦った。

●第304歩兵師団戦車猟兵中隊
1944年10月、ヘッツァー駆逐戦車14両で編成され、1945年3月にはさらに10両を補充される。独ソ戦線で戦った。

●第305歩兵師団戦車猟兵中隊
1945年3月、ヘッツァー駆逐戦車10両で編成され、独ソ戦線で活動した。

●第306歩兵師団戦車猟兵中隊
1944年9月、ヘッツァー駆逐戦車14両で編成され、独ソ戦線で活動した。

●第334歩兵師団戦車猟兵中隊
1945年1月、ヘッツァー駆逐戦車14両で編成。イタリア戦線で戦った。

●第335歩兵師団戦車猟兵中隊
1944年8月、ヘッツァー駆逐戦車14両で編成され、独ソ戦線で戦った。

●第344歩兵師団戦車猟兵中隊
1944年11月、ヘッツァー駆逐戦車14両で編成され、独ソ戦線で行動。

●第346歩兵師団戦車猟兵中隊
1944年11月、ヘッツァー駆逐戦車14両で編成され、独ソ戦線で戦った。

●第356歩兵師団戦車猟兵中隊
1945年2月、ヘッツァー駆逐戦車14両で編成され、独ソ戦線で戦った。

●第359歩兵師団戦車猟兵中隊
1945年1月、ヘッツァー駆逐戦車14両で編成され、独ソ戦線で戦った。

●第362歩兵師団戦車猟兵中隊
1945年3月、ヘッツァー駆逐戦車10両で編成され、独ソ戦線で活動した。

●第376歩兵師団戦車猟兵中隊
1944年9月、ヘッツァー駆逐戦車14両で編成。独ソ戦線で戦った。

●第384歩兵師団戦車猟兵中隊
1945年1月、ヘッツァー駆逐戦車14両で編成され、独ソ戦線で戦った。

●第600歩兵師団戦車猟兵中隊
1945年2月、ヘッツァー駆逐戦車14両［注140］で編成され、独ソ戦線で行動。

●第711歩兵師団戦車猟兵中隊
1944年11月、ヘッツァー駆逐戦車14両で編成され、西部戦線で活動した。

●第715歩兵師団戦車猟兵中隊
1945年4月、ヘッツァー駆逐戦車10両で編成され、独ソ戦線で戦った。

●第716歩兵師団戦車猟兵中隊
1944年11月、ヘッツァー駆逐戦車14両で編成され、1945年1月にさらに4両の補充を受ける。西部戦線で活動。

国民擲弾兵師団戦車猟兵中隊

●第6国民擲弾兵師団戦車猟兵中隊
　1945年3月、ヘッツァー駆逐戦車10両で編成され、独ソ戦線で活動した。
●第9国民擲弾兵師団戦車猟兵中隊
　1944年11月、ヘッツァー駆逐戦車14両で編成され、西部戦線で活動した。
●第16国民擲弾兵師団戦車猟兵中隊
　1944年12月、ヘッツァー駆逐戦車14両で編成され、独ソ戦線で活動した。
●第18国民擲弾兵師団戦車猟兵中隊
　1944年10月、ヘッツァー駆逐戦車14両で編成され、西部戦線で活動した。
●第26国民擲弾兵師団戦車猟兵中隊
　1944年11月、ヘッツァー駆逐戦車14両で編成され、西部戦線で活動した。
●第47国民擲弾兵師団戦車猟兵中隊
　1944年11月、ヘッツァー駆逐戦車14両で編成され、西部戦線で活動した。
●第62国民擲弾兵師団戦車猟兵中隊
　1944年11月、ヘッツァー駆逐戦車14両で編成され、西部戦線で活動した。
●第79国民擲弾兵師団戦車猟兵中隊
　1944年12月、ヘッツァー駆逐戦車14両で編成され、西部戦線で活動した。
●第167国民擲弾兵師団戦車猟兵中隊
　1944年11月、ヘッツァー駆逐戦車14両で編成され、西部戦線で活動した。
●第183国民擲弾兵師団戦車猟兵中隊
　1944年9月、ヘッツァー駆逐戦車14両で編成され、同年12月さらに4両の補充を受ける。西部戦線で活動した。
●第246国民擲弾兵師団戦車猟兵中隊
　1944年9月、ヘッツァー駆逐戦車14両で編成され、同年12月さらに4両の補充を受ける。西部戦線で行動。
●第252国民擲弾兵師団戦車猟兵中隊
　1944年12月、ヘッツァー駆逐戦車14両で編成され、独ソ戦線で活動した。
●第271国民擲弾兵師団戦車猟兵中隊
　1944年12月、ヘッツァー駆逐戦車14両で編成され、独ソ戦線で活動した。
●第277国民擲弾兵師団戦車猟兵中隊
　1944年10月、ヘッツァー駆逐戦車14両で編成され、西部戦線で活動した。
●第320国民擲弾兵師団戦車猟兵中隊
　1944年12月、ヘッツァー駆逐戦車14両で編成され、独ソ戦線で活動した。
●第326国民擲弾兵師団戦車猟兵中隊
　1944年11月、ヘッツァー駆逐戦車14両で編成され、西部戦線で活動した。
●第337国民擲弾兵師団戦車猟兵中隊
　1944年11月、ヘッツァー駆逐戦車14両で編成され、西部戦線で活動した。
●第340国民擲弾兵師団戦車猟兵中隊
　1944年11月、西部戦線で活動した。
●第349国民擲弾兵師団戦車猟兵中隊
　1944年10月、ヘッツァー駆逐戦車14両で編成され、独ソ戦線で活動した。
●第352国民擲弾兵師団戦車猟兵中隊
　1944年11月、ヘッツァー駆逐戦車14両で編成され、独ソ戦線で活動した。
●第363国民擲弾兵師団戦車猟兵中隊
　1944年9月、ヘッツァー駆逐戦車14両で編成され、西部戦線で活動した。
●第542国民擲弾兵師団戦車猟兵中隊
　1945年1月、ヘッツァー駆逐戦車14両で編成され、独ソ戦線で行動。
●第547国民擲弾兵師団戦車猟兵中隊
　1945年1月、ヘッツァー駆逐戦車14両で編成され、独ソ戦線で活動した。
●第551国民擲弾兵師団戦車猟兵中隊
　1945年1月、ヘッツァー駆逐戦車14両で編成され、独ソ戦線で活動した。
●第553国民擲弾兵師団戦車猟兵中隊
　1945年3月、ヘッツァー駆逐戦車10両で編制され、独ソ戦線で活躍した。

山岳、擲弾兵、猟兵、海軍歩兵師団の戦車猟兵中隊

●第1山岳師団戦車猟兵中隊
　1945年3月、ヘッツァー駆逐戦車10両で編成され、ユーゴスラヴィアで活動。
●第1海軍歩兵師団戦車猟兵中隊
　1945年4月、ヘッツァー駆逐戦車10両で編成され、西部戦線で活動した。
●第2海軍歩兵師団戦車猟兵中隊
　1945年4月、ヘッツァー駆逐戦車10両で編成され、西部戦線で活動した。
●第4山岳師団戦車猟兵中隊
　1944年10月、ヘッツァー駆逐戦車14両で編成され、独ソ戦線で活動した。
●第44擲弾兵師団戦車猟兵中隊
　1944年10月、ヘッツァー駆逐戦車14両で編成され、同年12月さらに4両の補充を受ける。独ソ戦線で活動した。
●第97猟兵師団戦車猟兵中隊
　1944年8月、ヘッツァー駆逐戦車14両で編成され、独ソ戦線で活動した。

[注129] 1945年4月21日の報告書によれば、中隊はツォッセン南部に布陣したケーター戦闘団に属しており、トイレッツにてエレファント2両が故障で遺棄された。残りの最後に2両はベルリン市街まで到達し、カール・アウグスト広場と聖三位一体教会付近で戦闘を行い、5月1日にソ連軍とポーランド軍によって鹵獲された。
[注130] 事実誤認であり、第1001戦車猟兵中隊なる部隊は存在しない。Nasht (Nachtの誤字) は"夜"であり、1001 Nachtは"千夜一夜（アラビアンナイト）"を意味する。従って、戦闘団の正しい名称は戦車旅団"千夜一夜（アラビアンナイト）"であり、1945年4月7日現在の編成は次の通りであった。◦「旅団本部　◎SS第560戦車猟兵大隊→大隊本部：ヘッツァー2両／・第1〜第3中隊：ヘッツァー各14両／・第4中隊：突撃砲または突撃榴弾砲8両／・第5中隊：SS第600降下猟兵大隊の1個中隊／◎機甲偵察大隊
"シュペーア" →・第1ケッテンクラート中隊／・第2装甲兵員輸送車（SPW）中隊
[注131] 事実誤認である。戦車旅団"千夜一夜（アラビアンナイト）"は、第101軍団の直轄予備部隊として戦線後方に位置していた。
[注132] 事実誤認である。旅団の保有数はヘッツァー44両であり、うち7両が修理中であった。
[注133] 事実誤認である。中隊の保有数はIV号駆逐戦車70（A）型10両とIII号突撃砲2両（うち1両が修理中）であった。また、この中隊は独立中隊ではなく第5猟兵師団の固有部隊であり、本来ならば【歩兵師団戦車猟兵中隊】の項に入るべきものである。
[注134] 事実誤認である。中隊の保有数はヘッツァー12両（うち2両が修理中）であった。
[注135] 第1257戦車猟兵中隊の間違いである。
[注136] この中隊は独立中隊ではなく第269歩兵師団の固有部隊であり、本来ならば【歩兵師団戦車猟兵中隊】の項に入るべきものである。
[注137] 1945年3月の間違いである。
[注138] 南東戦線（バルカン戦線）の間違いである。
[注139] 1945年2月の間違いである。
[注140] 10両の間違いである。なお、1945年4月7日現在の第1600戦車猟兵大隊はヘッツァー8両、鹵獲T-34戦車9両、鹵獲SU-85襲撃戦車2両を装備していた。

86：ベルリン郊外の戦闘で撃破されたⅢ号突撃砲。砲身は砲弾に吹き飛ばされている。車体側面には増加装甲板と予備履板を装着するための止め具が見える。(ASKM)

87：榴弾の直撃で破壊された75mm対戦車自走砲38(t)M型マーダーⅢ（PanzerJäger 38（t）Ausf.M 《Marder Ⅲ》）。1945年2月。戦争末期、このような車両は戦車または歩兵師団の戦車猟兵大隊の中に見られた。この自走砲は冬季迷彩を施されている。番号38はソ連軍戦利品管理隊によるものと。(ASKM)

88：ダンツィヒへの近接路で撃破された38(t)駆逐戦車ヘッツァー。1945年3月。同車には白の冬季迷彩の跡が見られ、車体側面には乗員のものと思しきヘルメット2個が吊り下がっている。多分この自走砲は、どこかの歩兵師団の戦車猟兵中隊に所属していたのだろう。(ASKM)

89：ブダペスト郊外の戦闘で撃破された38(t)駆逐戦車ヘッツァー。1945年2月。番号も識別章もない同車は、どこかの歩兵師団戦車猟兵中隊に所属していた可能性がある。写真のような迷彩はすでに38(t)駆逐戦車の生産工場で塗装が済まされていた。白の番号115はソ連軍戦利品管理隊が付けた。(ASKM)

90：ブダペスト市内の路上に遺棄されていたベルゲパンター戦車修理回収車（Ⅴ号戦車A型ベース）。1945年2月。車体はツィンメリットが塗布され、白の110はソ連軍戦利品管理隊が付けた番号。（ASKM）

91：燃料が枯渇して乗員が爆破したⅤ号戦車A型パンターと、これを牽引していたベルゲパンター戦車修理回収車（Ⅴ号戦車A型ベース）。ハンガリーのバラトン湖地区、1945年3月。（ASKM）

92：ベルリン郊外に遺棄されていた装甲兵員輸送車Sd/Kfz/251/21（3連装20mm機関砲MG151搭載）。1945年4月。同車は三色迷彩と車体側面と後部ドアに343の番号を持つ。（ASKM）

93：ベルリン郊外で赤軍部隊が鹵獲した装甲車Sd.Kfz.231とⅢ号突撃砲。1945年4月。

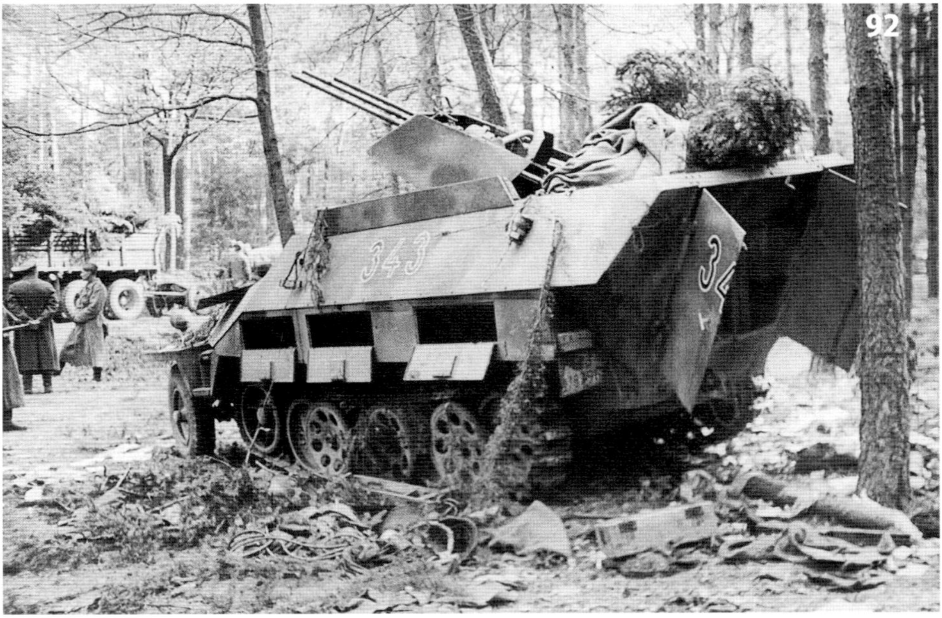
92
343

93

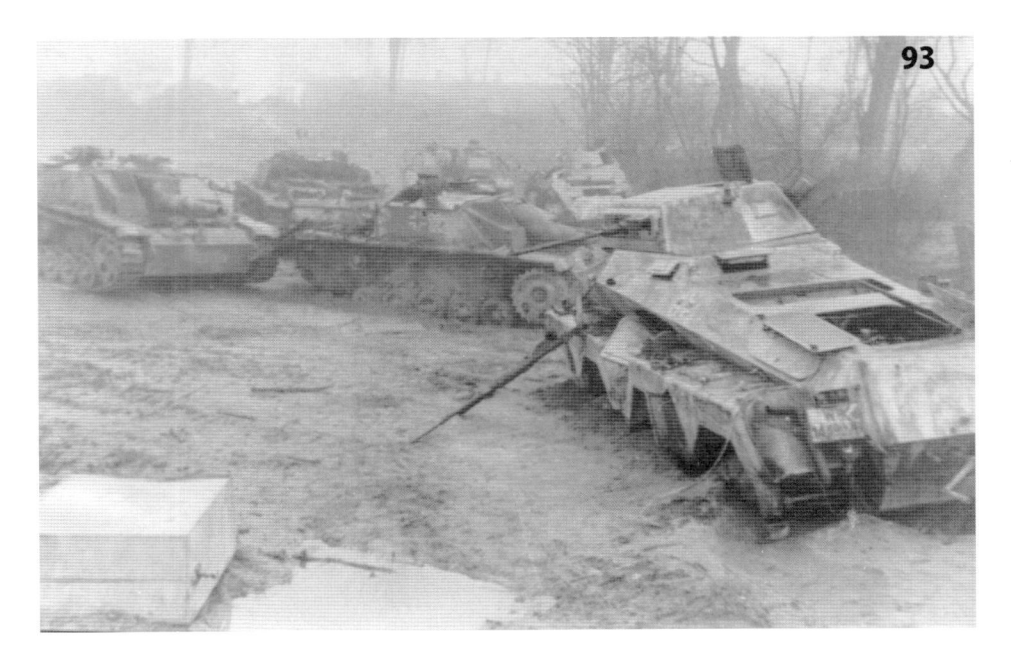

第11章

突撃砲部隊
ШТУРМОВАЯ АРТИЛЛЕРИЯ

　1945年初頭までにドイツ国防軍の突撃砲部隊は3種類の編成の旅団にまとめられた。すなわち、突撃砲旅団（Sturmgeschutz-Brigade）、陸軍突撃砲旅団（Heeres-Sturmartillerie-Brigade）、突撃砲教導旅団（Sturmgeschutz-Lehr-Brigade）である。突撃砲旅団（Sturmgeschutz-Brigade）は、1944年2月1日に承認された新しい戦力編成指標K.St.N.446bに沿って、既存の突撃砲大隊（Sturmgeschutz-Abteilung）を改編する形で編成が始まった。この際、旧大隊の部隊番号は新旅団に引き継がれていった。

　戦力編成指標K.St.N.446bによると、突撃砲旅団は本部（乗用車5台、Ⅲ号突撃砲3両）と同一編成の突撃砲中隊3個、輸送中隊1個からなる。突撃砲中隊の編成は次のとおりである、——本部（乗用車3台、Ⅲ号突撃砲2両）、Ⅲ号突撃砲小隊2個（各4両）、Ⅲ号42型突撃榴弾砲（StuH 42 Ⅲ）小隊1個（4両）、輸送縦隊1個（乗用車2台、3t貨物自動車10台、燃料補給車2台、半装軌式牽引車1両）。輸送中隊には50台に上る貨物自動車があった。旅団全体では自走砲45両を保有し、その内訳はⅢ号突撃砲が33両、Ⅲ号42型突撃榴弾砲が12両と想定されていた。しかし、兵器の不足と多大な損害のため、編成定数の突撃砲の数量を減らす方向で見直しが行われた。1944年6月1日に新たな戦力編成指標K.St.N.416aが採用され、1個中隊の自走砲の配備数は10両（本部1両、各3両の小隊3個）にまで削減され、旅団本部の突撃砲は1両だけとなった。この定数の突撃砲旅団は自走砲を31両（22両のⅢ号突撃砲と9両のⅢ号42型突撃榴弾砲）持つことになった。他方、45両編成（各中隊に14両）の突撃砲旅団戦力編成指標はK.St.N416bと整理番号が改められた。ただし、こちらは旅団編成の際に兵器が必要数量を満たす場合にのみ適用されることとされていた。戦力編成指標K.St.N416bに則して編成された旅団は4個ある（第259、第278、第341突撃砲旅団と第303陸軍突撃砲旅団）。他の旅団はすべて、戦力編成指標K.St.N416a（自走砲31両）により編成された。

　突撃砲旅団編成の決定とともに、それに含まれる付属部隊の定数も制定された。

　その最初のものは『突撃砲随伴中隊』（《Sturmgeschutz-Begleit-Batterie》）と呼ばれる（1944年2月8日付戦力編成指標K.St.N448）。この中隊は縮小編成の歩兵中隊からなり、突撃砲旅団本部の直接

指揮下にあって、戦場での歩兵による突撃砲の掩護を任務としていた。当初、この中隊にはSd.Kfz.251装甲兵員輸送車を配備することとなっていたが、後に装備不足からこれは諦められた。そこで、戦力編成指標K.St.N448は1944年12月1日に修正され、突撃砲随伴中隊は『突撃砲旅団随伴擲弾兵中隊』(《Begleit-Grenadier-Batterie zur Sturmartillerie-Brigade》) と改称された。

突撃砲旅団に含まれるべき2つ目の部隊は『突撃砲旅団随伴戦車中隊』(《Begleit-Panzer-Batterie (Panzer Ⅱ)》) と呼ばれ、1944年2月8日付の戦力編成指標K.St.N447に則して編成されることとなった。この中隊はⅡ号戦車14両からなり (各4両の3個小隊と中隊本部に2両)、偵察と通信活動への使用が想定された。

様々な理由から、随伴中隊の編成が始まったのは1944年夏のことであった。これら2種類の部隊を包含する旅団は軍直轄突撃砲旅団 (Heeres-Sturmartillerie-Brigade) と名称を改めた。随伴中隊を含む点を除けば、突撃砲旅団とは編成上の違いはまったく無い。

1944年の夏に軍直轄突撃砲旅団に改編されたのは6個の突撃砲旅団 (第185、236、第237、第239、第600、第667) で、同年10月から12月にかけてはさらに10個 (第184、第226、第243、第244、第261、第303、第393、第905、第911、第912)、また1945年には2個 (第249、第277) が生まれ変わった。

しかし、『突撃砲旅団随伴戦車中隊』(《Begleit-Panzer-Batterie (Panzer Ⅱ)》) はわずか4個が、第236、第239、第667突撃砲旅団の中に編成されたに過ぎない (第667旅団の中には2個編成)。1944年の11月になると、随伴戦車中隊の編成は中止され、既存部隊は解散された。とはいえ、1945年3月15日現在の第239軍直轄突撃砲旅団の中にはⅡ号戦車が2両残っていた。

突撃砲教導旅団 (Sturmgeschutz-Lehr-Brigade) は突撃砲の乗員訓練のための臨時兵団として編成されていたが、前線がドイツ国境に迫ってくる中、しばしば戦闘に投入されるようになった。1944年末には2個旅団があったが、1945年にさらに2個旅団が創設された。教導旅団の編成は、ブルク市の突撃砲学校が担当した。

これに加え、同学校では戦争末期に独立突撃砲大隊が数個編成され、兵員・装備の受領直後に前線に送り込まれていった。

終戦までにドイツ国防軍は全部で28個の突撃砲旅団と18個の軍直轄突撃砲旅団、4個の突撃砲教導旅団、4個以上の独立突撃砲大隊、戦車猟兵突撃砲中隊1個を保有した。

以下は、1945年に作戦行動中の突撃砲部隊に関するデータである。

［監修者注：各突撃砲部隊に関する詳細は、『突撃砲兵』上・下 (大日本絵画既刊) を参考とされたい］

第184軍直轄突撃砲旅団（Heeres-Sturmartillerie-Brigade 184）

　1940年の夏、ユターボクに近いゼンネラーガーで第184突撃砲大隊（Sturmgeschutz-Abteilung 184）として編成される。1944年2月14日、第184突撃砲旅団に改編され、同年10月16日に第184軍直轄突撃砲旅団（Heeres-Sturmartillerie-Brigade 184）となった。

　1944年12月17日、同旅団はブルク突撃砲学校からリバーヴァ（現・ラトヴィア共和国リエパーヤ）に到着し、クーアラントで防御に就いていた第19軍の編成に入った。1945年1月29日まではプリエクーレで活動し、1月29日は同じくクーアラント部隊の第16軍に移り、カンダーヴァ近郊で戦った。1945年3月末、残存兵器が第600軍直轄突撃砲旅団に引き渡され、兵員はシュテッティンに避難した。そして、新たな兵器を受領した後アンガーミュンデに送り込まれた。

　1945年4月18日、ソ連軍の攻勢が始まり、前線が突破されると、第184旅団はエーベアスヴァルデで戦闘を展開し、その後リーベンヴァルデ、ツェーデニック、ギュストロフへと後退して行った。1945年5月1日、旅団残存部隊はソ連軍に降伏した。

第185軍直轄突撃砲旅団（Heeres-Sturmartillerie-Brigade 185）

　1940年の夏、ユターボクに近いゼンネラーガーで第185突撃砲大隊（Sturmgeschutz-Abteilung 185）として編成される。1944年2月14日、第185突撃砲旅団に改編され、同年7月10日に第185軍直轄突撃砲旅団（Heeres-Sturmartillerie-Brigade 185）となった。

　1945年1月13日までは東プロイセンにあり、Ⅲ号突撃砲を31両

94：擱座して乗員に遺棄されていたⅢ号N型戦車（Pz.Ⅲ Ausf.N）。東プロイセン、1945年3月。車体には大型の斑点状帯形の迷彩が施され、車体番号と戦術章は欠けている。この車両は突撃砲旅団の本部中隊の保有車両だった可能性がある。というのも、この型の車両は突撃砲に代わって本部車両として使用されていたからだ。操縦手ブロックヴァイザー上部の装甲掩蓋に注目。（ASKM）

95：ケーニヒスベルクの市街戦で破壊されたⅢ号突撃砲。東プロイセン、1945年4月。左側の車両の砲防楯は機関銃付の通常の後期型で、右側の車両は"Saukopf"（猪頭）防楯を装着している。また、両方の自走砲とも戦闘室正面装甲板の増加装甲板を持ち、ツィンメリット・コーティングされている。（ASKM）

保有していた。戦闘を重ねながら、フリードリヒスホフ、ゼンスブルク、ハイリンゲンバイルへと後退して行った。3月初めに兵器をすべて失うと、コルベルク、それからシュトゥットホフへと避難した。1945年5月9日、同旅団は新たな兵器はとうとう手にできないまま、ソ連軍に降伏した。

第190突撃砲旅団（Sturmgeschutz-Brigade 190）

1940年11月、フランスで第190突撃砲大隊（Sturmgeschutz-Abteilung 190）として編成される。1943年4月1日、第190突撃砲大隊（Sturmgeschutz-Abteilung 190）に改編され、1944年2月14日に第190突撃砲旅団（Sturmgeschutz-Brigade 190）となった。

1944年の末から東プロイセンにあり、1945年1月15日にナーセリスク郊外で戦闘に突入。戦闘を重ねながら、最初グラウデンツへ、その後ポメラニア（ポンメルン）へと後退して行った。1945年3月初めはダンツィヒ近郊のオリファー地区で戦い、それから旅団残存

96：ケーニヒスベルク郊外で破壊されたⅢ号突撃砲。東プロイセン、1945年4月。写真97の車両と異なり、この自走砲にはコンクリートの増加防護はない。（ASKM）

部隊はヘーラ砂嘴に退いた。5月初頭に突撃砲搭乗員の一部は海路ドイツに避難したが、その後赤軍部隊に投降した。他の約120名は汽船"エンマ"号でスウェーデンに逃れたが、1945年11月に身柄をソ連に引き渡された。

第191突撃砲旅団（Sturmgeschutz-Brigade 191）

　1940年10月1日に、ユターボクにて第191突撃砲大隊（Sturmgeschutz-Abteilung 191）として編成される。1944年2月28日に第191突撃砲旅団（Sturmgeschutz-Brigade 191）へと改編。

　1945年1月から4月にかけてハンガリー（バラトン湖、カポシュヴァール）で戦い、その後ムール河に沿ってオーストリアに後退した。1945年5月に旅団残存部隊はアメリカ軍に降伏した。

第200突撃砲旅団（Sturmgeschutz-Brigade 200）

　1944年に編成。総統随伴旅団（Fuhrer-Begleit-Brigade）が師団（Fuhrer-Begleit-Division）に再編された後、そこへ編入された。1944年12月からはグロースドイッチュラント総統随伴師団突撃砲旅団（Sturmgeschutz-Brigade-Führer-Begleit-Division《Großdeutschland》）と呼ばれるようになった。アルデンヌ攻勢に参加し、その後シレジア（シュレージェン）で戦った。師団の改編後、1945年2月1日に同旅団は解散され、第673戦車猟兵大隊（Panzer-Jäger-Abteilung 673）の編成に組み込まれた。

第201突撃砲旅団（Sturmgeschutz-Brigade 201）

1941年3月、ユーターボクで第201突撃砲大隊（Sturmgeschutz-Abteilung 201）として編成。1944年2月14日に第201突撃砲旅団（Sturmgeschutz-Brigade 201）へと改編。

1945年の1月から2月は第2軍の残存部隊として東プロイセンで活動していたが、その後ポメラニア（ポンメルン）に後退し、1945年3月から4月にかけてはシュテッティン近郊で戦った。1945年5月にソ連軍に降伏。

第202突撃砲旅団（Sturmgeschutz-Brigade 202）

1941年9月、ユーターボクで第202突撃砲大隊（Sturmgeschutz-Abteilung 202）として編成。1944年2月14日に第202突撃砲旅団（Sturmgeschutz-Brigade 202）へと改編。

1945年の1月から5月までクーアラントで戦う。1945年5月11日、ソ連軍に降伏。

第203突撃砲旅団（Sturmgeschutz-Brigade 203）

1941年1月、ユーターボク近郊のゼンネラーガーで第203突撃砲大隊（Sturmgeschutz-Abteilung 203）として編成。1944年2月14日に第203突撃砲旅団（Sturmgeschutz-Brigade 203）へと改編。

1944年末は南方軍集団の部隊として独ソ戦線で行動。その後の戦歴については不明。

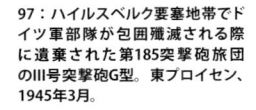

第209突撃砲旅団（Sturmgeschutz-Brigade 209）

1942年1月、第209突撃砲大隊（Sturmgeschutz-Abteilung 209）

97：ハイルスベルク要塞地帯でドイツ軍部隊が包囲殲滅される際に遺棄された第185突撃砲旅団のIII号突撃砲G型。東プロイセン、1945年3月。

として編成。1944年2月14日に第209突撃砲旅団（Sturmgeschutz-Brigade 209）へと改編。

1945年の1月から5月までクーアラントで戦う。1945年5月11日、ソ連軍に降伏。

第210突撃砲旅団（Sturmgeschutz-Brigade 210）

1941年3月、ユターボクで第210突撃砲大隊（Sturmgeschutz-Abteilung 210）として編成。1944年2月14日に第210突撃砲旅団（Sturmgeschutz-Brigade 210）へと改編。

1945年1月12日から中央軍集団の部隊としてキールツェで行動したが、そこで大きな損害を蒙る。2月2日現在はシュテッティン地区にあり、突撃砲31両を保有。2月から3月にかけてはゼーロウとシュテッティンの郊外で活動し、4月はシュヴェットとヴィットシュトックの近郊で戦った。1945年4月末にハーゲノウ市付近でアメリカ軍に投降した。

第226陸軍突撃砲旅団（Heeres-Sturmartillerie-Brigade 226）

1941年2月、ユターボクで第226突撃砲大隊（Sturmgeschutz-Abteilung 226）として編成される。1944年2月14日、第226突撃砲旅団（Sturmgeschutz-Brigade 226）に改編され、同年10月に第226軍直轄突撃砲旅団（Heeres-Sturmartillerie-Brigade 226）となった。

1944年10月から1945年2月20日にかけてクーアラントで活動し、2月20日から翌21日の間に突撃砲33両とともにダンツィヒに去った。2月27日に同旅団はアルンスヴァルデで交戦し、その後ラウエンブルク、グディーニャ、ツォポトへと後退して行った。3月20日現在の同旅団にはわずか4両の突撃砲しか残っていなかった。グディーニャ地区では3月20日まで戦闘を継続し、その後はヘーラ砂嘴へ撤退した。1945年4月初頭に旅団の残存兵員は海路ドイツ本国に送られ、そこで5月9日にソ連軍部隊に投降した。

第228突撃砲旅団（Sturmgeschutz-Brigade 228）

1942年11月、ユターボクで第228突撃砲大隊（Sturmgeschutz-Abteilung 228）として編成。1944年2月14日に第228突撃砲旅団（Sturmgeschutz-Brigade 228）へと改編。

1945年の1月から2月はハンガリーのグロン河で戦闘を展開し、SS第1、SS第12戦車師団の攻撃を支援した。4月はチェコスロヴァキアに移り、その後オーストリアに退いた。1945年5月に赤軍部隊に降伏。

98・99：ソ連第2バルト方面軍部隊が撃破した第202突撃砲旅団のⅢ号突撃砲G型。クーアラント、1945年3月。

第232突撃砲旅団（Sturmgeschutz-Brigade 232）

　1942年10月、ユーターボクで第232突撃砲大隊（Sturmgeschutz-Abteilung 232）として編成。1944年2月14日に第232突撃砲旅団（Sturmgeschutz-Brigade 232）へと改編。

　1945年1月初頭は東プロイセンのハイリンゲンバイル市地区にあった。1月13日から2月10日の間は第5戦車師団と行動をともにし、その後ケーニヒスベルク方面に後退した。3月14日現在の同旅団は47両のⅢ号突撃砲と4両の42型突撃榴弾砲を持っていた。4月7日までにすべての自走砲を失った同旅団はダンツィヒに避難し、それからキールに移ったが、そこで連合国軍に降伏した。

第236軍直轄突撃砲旅団（Heeres-Sturmartillerie-Brigade 236）

　1943年3月、ユーターボクで第236突撃砲大隊（Sturmgeschutz-Abteilung 236）として編成される。1944年2月14日、第236突撃砲旅団（Sturmgeschutz-Brigade 236）に改編、同年6月10日には第236軍直轄突撃砲旅団（Heeres-Sturmartillerie-Brigade 236）となった。

　1945年2月初めにドイツ中央地域からシレジア（シュレージェン）に派遣され、中央軍集団の編成に入った。1945年3月25日にヘッツァー駆逐戦車31両を受領し、3月27日にラティボア地区で戦闘に投入された。すべての車両を失った同旅団は、4月半ばに部隊再編成のためザクセン方面に送られた。新たに自走砲を受領した同旅団はヴァイセンベルク地区で戦闘に入り、後にドレスデンの北に移った。5月に入ってチェコスロヴァキアに退き、そこでアメリカ軍部隊に降伏した。

第239軍直轄突撃砲旅団（Heeres-Sturmartillerie-Brigade 239）

　1943年6月、ベルリン郊外で第239突撃砲大隊（Sturmgeschutz-

100：ケーニヒスベルク近郊で破壊されたⅢ号突撃砲。東プロイセン、1945年4月。おそらく、自走砲内部で弾薬が誘爆したのだろう。また、コンクリートの"枕"とコンクリートブロックで車体の戦闘室正面装甲板を強化防護しているのがよくわかる。（ASKM）

101：ハンガリーのバラトン湖地区で撃破されたⅣ号駆逐戦車70（A）型（Pz.IV/70（A））。1945年2月。この車両には網状の増加側面装甲板があり、冬季迷彩の跡が残っている。21という番号はソ連軍戦利品管理隊が記したものだ。(ASKM)

102：このⅣ号駆逐戦車はケーニヒスベルク攻防戦で鹵獲された。1945年4月。

103：ベルリンの市街戦で撃破された、Ⅳ号戦車車台の弾薬輸送車。1945年5月。

Abteilung 239) として編成される。1944年2月14日、第239突撃砲旅団 (Sturmgeschutz-Brigade 239) に改編、同年6月10日には第239軍直轄突撃砲旅団 (Heeres-Sturmartillerie-Brigade 239) となった。

1945年の1月から2月の間はハンガリーで戦い、4月はオーストリアに後退し、そこでアメリカ軍部隊に降伏した。

第243軍直轄突撃砲旅団 (Heeres-Sturmartillerie-Brigade 243)

1941年5月、ユターボクで第243突撃砲大隊 (Sturmgeschutz-Abteilung 243) として編成される。1944年2月14日、第243突撃砲旅団 (Sturmgeschutz-Brigade 243) に改編、同年12月に第243軍直轄突撃砲旅団 (Heeres-Sturmartillerie-Brigade 243) となった。

ドイツ軍のアルデンヌ攻勢に参加し、1945年1月半ばまでにすべての兵器を喪失。部隊再編成のためポツダムに移され、そこで突撃砲の新車40両を受領。3月はアメリカ軍を相手に戦い、4月中旬は独ソ戦線に移り、ベルリン包囲網の解囲を試みる第12軍に編入された。4月29日現在の同旅団には20両の突撃砲と駆逐戦車があった。5月初頭はラテノフ市に後退し、5月7日から8日にかけての夜間に兵員はエルベ河を渡河し、アメリカ軍に投降した。

第244軍直轄突撃砲旅団 (Heeres-Sturmartillerie-Brigade 244)

1941年6月、ユターボク郊外のゼンネラーガーで第244突撃砲

大隊 (Sturmgeschutz-Abteilung 244) として編成される。1944年2月14日、第244突撃砲旅団 (Sturmgeschutz-Brigade 244) に改編、同年12月に第244軍直轄突撃砲旅団 (Heeres-Sturmartillerie-Brigade 244) となった。

1944年の末はドイツ軍のアルデンヌ攻勢に参加し、1945年初頭は西部戦線のデューレンとアーヘンの近郊で戦った。1945年4月14日、旅団残存部隊はクローネンベルク市でアメリカ軍に投降した。

第249軍直轄突撃砲旅団 (Heeres-Sturmartillerie-Brigade 249)

1942年1月、ユターボクで第249突撃砲大隊 (Sturmgeschutz-Abteilung 249) として編成される。1944年2月14日、第249突撃砲旅団 (Sturmgeschutz-Brigade 249) に改編、1945年3月に第249軍直轄突撃砲旅団 (Heeres-Sturmartillerie-Brigade 249) となった。

1945年の1月から3月の間は東プロイセンで行動。すべての兵器を失い、ドイツに送還され、クランプニッツ市で陸軍突撃砲旅団に再編成された。1945年4月24日から25日にベルリン郊外のシュパンダウ工場で新品のIII号突撃砲を受領し、ブランデンブルク門地区の戦闘に投入された。4月30日、旅団残存部隊はベルリナー通りで戦い、5月3日にベルリン守備隊が抵抗を止めた後もシュパンダウ地区に突撃した。旅団長をはじめとする突撃砲隊員の一部はアメリカ軍占領地区への脱出に成功したが、大半は赤軍に殲滅された。

第259突撃砲旅団 (Sturmgeschutz-Brigade 259)

1943年6月、ユターボクで第259突撃砲大隊 (Sturmgeschutz-Abteilung 259) として編成。1944年2月14日に第259突撃砲旅団 (Sturmgeschutz-Brigade 259) へと改編。

1945年初頭にハンガリーから東プロイセンに転戦し、そこで1945年4月中旬まで活動した。突撃砲搭乗員の一部は部隊再編成のためデンマークに移動したが、彼らはそこで1945年5月にイギリス軍部隊に投降した。

第261軍直轄突撃砲旅団 (Heeres-Sturmartillerie-Brigade 261)

1943年夏、ユターボクで第261突撃砲大隊 (Sturmgeschutz-Abteilung 261) として編成される。1944年2月14日、第261突撃砲旅団 (Sturmgeschutz-Brigade 261) に改編、同年12月に第261軍直轄突撃砲旅団 (Heeres-Sturmartillerie-Brigade 261) となった。

1945年の1月から4月の間はハンガリーで戦い、その後オーストリアに撤退、そこでアメリカ軍部隊に降伏した。

第276突撃砲旅団（Sturmgeschutz-Brigade 276）

　1943年夏、ユターボクで第276突撃砲大隊（Sturmgeschutz-Abteilung 276）として編成。1944年2月14日に第276突撃砲旅団（Sturmgeschutz-Brigade 276）へと改編。

　1945年1月13日までプールトゥスクの西にあり、戦闘を重ねながらベーリスクに退き、その後1月29日まではブコーヴィチにいた。2月10日までは同旅団残存部隊はシュテンツラウ郊外で戦い、その後トゥホーリを通過してダンツィヒに後退した。3月28日同旅団は最後の補充である、IV号駆逐戦車70（A）型3両を受け取った。4月初頭に旅団残存部隊はソ連軍に一部殲滅され、他は捕虜となった。

第277軍直轄突撃砲旅団（Heeres-Sturmartillerie-Brigade 277）

　1943年の春に、第277突撃砲大隊（Sturmgeschutz-Abteilung 277）として編成される。1944年2月14日、第277突撃砲旅団（Sturmgeschutz-Brigade 277）に改編、1945年2月には第277軍直轄突撃砲旅団（Heeres-Sturmartillerie-Brigade 277）となった。

　1945年の1月から4月にかけて東プロイセンのブラウンスベルクとエルビングの近郊で戦い、残存部隊はフリッシュ砂嘴に退き、そこで1945年5月にソ連軍に降伏した。

第278突撃砲旅団（Sturmgeschutz-Brigade 278）

　1943年8月に、シュヴァインフルトで第278突撃砲大隊（Sturmgeschutz-Abteilung 278）として編成。1944年2月14日に第278突撃砲旅団（Sturmgeschutz-Brigade 278）へと改編。

　1945年1月13日から同28日まで東プロイセン防衛戦に参加し、その後編成を解かれた。残存の兵員と兵器は第232突撃砲旅団に編入された。

第279突撃砲旅団（Sturmgeschutz-Brigade 279）

　1943年7月、第279突撃砲大隊（Sturmgeschutz-Abteilung 279）として編成。1944年2月14日に第279突撃砲旅団（Sturmgeschutz-Brigade 279）へと改編。

　1945年1月13日に東プロイセンのグンビンネンでIII号突撃砲19両をもって戦闘に入る。その後インスターブルク、ケーニヒスベルクへと後退を続け、1945年4月に壊滅した。残存兵員は1945年5月にソ連軍部隊に投降した。

第280突撃砲旅団（Sturmgeschutz-Brigade 280）

　1943年の夏に、シュヴァインフルトで第280突撃砲大隊（Sturmgeschutz-Abteilung 280）として編成。1944年2月14日に第

280突撃砲旅団（Sturmgeschutz-Brigade 280）へと改編。

1944年末から西部戦線で活動していたが、1945年5月にアメリカ軍部隊に降伏した。

第286突撃砲旅団（Sturmgeschutz-Brigade 286）

1943年8月、第286突撃砲大隊（Sturmgeschutz-Abteilung 286）として編成。1944年2月14日に第286突撃砲旅団（Sturmgeschutz-Brigade 286）へと改編。

1945年3月はブラチスラヴァへの近接路で戦闘を展開。1945年5月8日、ホルン市でソ連軍部隊に降伏した。

第300突撃砲旅団（Sturmgeschutz-Brigade 300）

1943年10月に、第300突撃砲大隊（Sturmgeschutz-Abteilung 300）として編成。1944年2月14日に第300突撃砲旅団（Sturmgeschutz-Brigade 300）へと改編。

1945年2月から3月軍集団の部隊としてシレジア（シュレージェン）にあり、ヴュアベン、カレンドルフ、ザイヒャウ、イェーゲルンドルフの地区で戦う。3月15日、大きな損害を蒙った同旅団はブルクの突撃砲学校に移された。3月末には第300軍直轄突撃砲旅団（Heeres-Sturmartillerie-Brigade 300）へと再編された。1945年4月末にオーストリアに派遣され、そこで1945年5月降伏した。

第301突撃砲旅団（Sturmgeschutz-Brigade 301）

1943年に、フランスで第301突撃砲大隊（Sturmgeschutz-Abteilung 301）として編成。1944年2月14日に第301突撃砲旅団（Sturmgeschutz-Brigade 301）へと改編。

1945年初頭はカジミーロフカ近郊で行動し、その後クラカウ（クラクフ）郊外で戦った。2月に入ると同旅団はチェコスロヴァキアで戦い、その後ハンガリーに退き、再びチェコスロヴァキアに進んだ。1945年5月9日にオーストリアのオルミッツでアメリカ軍部隊に降伏した。

第303軍直轄突撃砲旅団（Heeres-Sturmartillerie-Brigade 303）

1943年10月に、ブルクで第303突撃砲大隊（Sturmgeschutz-Abteilung 303）として編成される。1944年2月14日、第303突撃砲旅団（Sturmgeschutz-Brigade 303）に改編、同年11月には第303軍直轄突撃砲旅団（Heeres-Sturmartillerie-Brigade 303）となった。

1945年はハンガリーで戦い、その後オーストリアに後退し、そこで1945年5月初めにソ連軍部隊に降伏した。

104・105：クロンシュタット市の路上にドイツ軍部隊が遺棄した42型突撃榴弾砲。シレジア（シュレージェン）、1945年2月。第310突撃砲旅団の車両と思われる。

第311突撃砲旅団（Sturmgeschutz-Brigade 311）

　1943年11月に、シュヴァインフルトで第311突撃砲大隊（Sturmgeschutz-Abteilung 311）として編成。1944年2月14日に第311突撃砲旅団（Sturmgeschutz-Brigade 311）へと改編。

　1945年1月12日、チェコスロヴァキアからシレジア（シュレージェン）に移され、ラティボア郊外で戦闘に入り、2月初めまでにブレスラウに後退し、同市の防衛に加わった。2月25日、同旅団はⅢ号突撃砲26両でバウツェンに退いた。3月13日、Ⅳ号駆逐戦車70（A）型4両の補充を受ける。4月はヘルマン・ゲーリング降下戦車軍団とともにドレスデンの北で行動し、それからチェコスロヴァキアに撤退した。5月11日、プラハの東でソ連軍部隊に降伏。

第322突撃砲旅団（Sturmgeschutz-Brigade 322）

　1943年末、第322突撃砲大隊（Sturmgeschutz-Abteilung 322）として編成。1944年2月14日に第322突撃砲旅団（Sturmgeschutz-Brigade 322）へと改編。

　1945年1月14日にキールツェ郊外で交戦し、その後ピリッツァ河地区で行動。1月21日までにすべての兵器を失い、多大な人員の損失を出し、実質的に全滅した。1月31日、同旅団は編成を解かれ、残存兵員は第911突撃砲旅団に組み込まれた。

第325突撃砲旅団（Sturmgeschutz-Brigade 280）

1943年4月、第325突撃砲大隊（Sturmgeschutz-Abteilung 325）として編成。1944年2月14日に第325突撃砲旅団（Sturmgeschutz-Brigade 325）へと改編。

1945年1月から3月にかけてはスロヴェニアとハンガリーで行動し、4月初頭に大損害を出した後オーストリアに後送されたが、そこでアメリカ軍部隊に降伏した。

第341突撃砲旅団（Sturmgeschutz-Brigade 341）

1943年5月、第341突撃砲大隊（Sturmgeschutz-Abteilung 341）として編成。1944年2月14日に第341突撃砲旅団（Sturmgeschutz-Brigade 341）へと改編。

1945年1月から2月の間は西部戦線のインメラート、ハルツ、メークデシュプルングで行動。1945年4月、アメリカ軍部隊に投降した。

第393軍直轄突撃砲旅団（Heeres-Sturmartillerie-Brigade 393）

1943年の末に、第393突撃砲大隊（Sturmgeschutz-Abteilung 393）として編成される。1944年2月14日、第393突撃砲旅団（Sturmgeschutz-Brigade 393）に改編、同年12月には第393軍直轄突撃砲旅団（Heeres-Sturmartillerie-Brigade 393）となった。

105

1944年末から終戦までクーアラントで戦い続け、1945年5月11日にソ連軍に降伏した。

第394突撃砲旅団（Sturmgeschutz-Brigade 394）

1944年春、第394突撃砲大隊（Sturmgeschutz-Abteilung 394）として編成。1944年6月10日に第394突撃砲旅団（Sturmgeschutz-Brigade 394）へと改編。

1945年初頭から西部戦線で行動。3月末に部隊再編成のためブルクの突撃砲学校に到着。4月末には、ベルリン包囲網を西方から解囲しようとしていた第12軍に編入される。戦闘の過程で兵器をすべて喪失。ドイツの降伏発表後、残存兵員はエルベ河を渡りアメリカ軍に投降したが、後にソ連側に引き渡された。

第600軍直轄突撃砲旅団（Heeres-Sturmartillerie-Brigade 600）

1941年12月に、ソ連の領内で第600軽突撃砲大隊（leichte Sturmgeschutz-Abteilung（Feld）600）として編成される。1944年2月14日、第600突撃砲旅団（Sturmgeschutz-Brigade 600）に改編、同年6月には第600軍直轄突撃砲旅団（Heeres-Sturmartillerie-Brigade 600）となった。

1945年はクーアラントで戦い、1945年5月11日にソ連軍に降伏した。

第667軍直轄突撃砲旅団（Heeres-Sturmartillerie-Brigade 667）

1942年夏、ユターボク郊外で第667突撃砲大隊（Sturmgeschutz-Abteilung 667）として編成。1944年2月14日、第667突撃砲旅団（Sturmgeschutz-Brigade 667）に改編、同年6月10日には第667軍直轄突撃砲旅団（Heeres-Sturmartillerie-Brigade 667）となった。

1945年は西部戦線で戦い、1945年4月にアメリカ軍に降伏した。

第902突撃砲旅団（Sturmgeschutz-Brigade 902）

1943年12月に、第902突撃砲大隊（Sturmgeschutz-Abteilung 902）として編成された。1944年2月14日に第902突撃砲旅団（Sturmgeschutz-Brigade 902）へと改編。

1945年は西部戦線で行動したが、戦歴の詳細は不明。

第904突撃砲旅団（Sturmgeschutz-Brigade 904）

1942年秋、第904突撃砲大隊（Sturmgeschutz-Abteilung 904）として編成。1944年2月14日に第904突撃砲旅団（Sturmgeschutz-Brigade 904）へと改編。

1945年初頭から終戦まで東プロイセンで行動。3月中旬までに

106：東プロイセンでの戦闘で赤軍部隊に破壊されたIV号突撃砲。1945年3月。

兵器をすべて失う。1945年5月9日、赤軍部隊に投降した。

第905軍直轄突撃砲旅団（Heeres-Sturmartillerie-Brigade 905）

　1942年12月、ユターボクで第905突撃砲大隊（Sturmgeschutz-Abteilung 905）として編成される。1944年2月14日、第905突撃砲旅団（Sturmgeschutz-Brigade 905）に改編、同年11月には第905軍直轄突撃砲旅団（Heeres-Sturmartillerie-Brigade 905）となった。

　西部戦線のアイフェル、ライン地区で行動。1945年5月初めにソ連軍に降伏した。

第907突撃砲旅団（Sturmgeschutz-Brigade 907）

　1943年12月に、シュヴァインフルトで第907突撃砲大隊（Sturmgeschutz-Abteilung 907）として編成。1944年2月14日に第907突撃砲旅団（Sturmgeschutz-Brigade 907）へと改編。

　1945年初頭からイタリア戦線で行動。1945年4月、アメリカ軍に投降した。

第909突撃砲旅団（Sturmgeschutz-Brigade 909）

　1943年初頭、第909突撃砲大隊（Sturmgeschutz-Abteilung 909）として編成。1944年2月14日に第909突撃砲旅団（Sturmgeschutz-Brigade 909）へと改編。

　1945年1月から終戦まで東プロイセンで活動し、1945年5月9日に赤軍部隊に降伏した。

107: ワルシャワの街路に棄てられていた重装薬運搬車B IV。1945年1月。

第911軍直轄突撃砲旅団（Heeres-Sturmartillerie-Brigade 911）

　1943年2月に、第911突撃砲大隊（Sturmgeschutz-Abteilung 911）として編成される。1944年2月14日、第911突撃砲旅団（Sturmgeschutz-Brigade 911）に改編、同年11月には第911軍直轄突撃砲旅団（Heeres-Sturmartillerie-Brigade 911）となった。

　1944年12月に総統擲弾兵師団（Fuhrer-Grenadier-Division）に編入され、終戦まで同師団の中で行動した。

　1945年1月はポズナンニ市への近接路で戦い、その後シレジア（シュレージェン）に退き、ラウバン地区で戦闘を展開した。1月末、部隊再編成のため戦列を外れる。2月13日に同旅団はIII号突撃砲18両の補充を受け、3月初めにはシュテッティン近郊に派遣された。キュストリン郊外で戦い、その後ウィーンに戦闘の舞台を移した。1945年5月、オーストリアでソ連軍部隊に降伏。

第912軍直轄突撃砲旅団（Heeres-Sturmartillerie-Brigade 912）

　1944年1月に、第912突撃砲大隊（Sturmgeschutz-Abteilung 912）として編成される。1944年2月14日、第912突撃砲旅団（Sturmgeschutz-Brigade 912）に改編、同年12月には第912軍直轄突撃砲旅団（Heeres-Sturmartillerie-Brigade 912）となった。

　1944年末から終戦までクーアラントで戦う。1945年5月11日にソ連軍に降伏した。

第914突撃砲旅団（Sturmgeschutz-Brigade 914）

1943年2月、第914突撃砲大隊（Sturmgeschutz-Abteilung 914）として編成。1944年2月14日に第914突撃砲旅団（Sturmgeschutz-Brigade 914）へと改編。

1944年末から終戦までイタリア戦線で行動。1945年5月、アメリカ軍に投降した。

教導旅団

第920突撃砲教導旅団（Sturmgeschutz-Lehr-Brigade 920）

1944年（正確な日付は不詳）にブルクで第Ⅰ突撃砲教導旅団（Sturmgeschutz-Lehr-Brigade I）として編成。1944年9月に第920突撃砲教導旅団（Sturmgeschutz-Lehr-Brigade 920）へと改称。

1945年1月12日現在、A軍集団の部隊としてノヴェ・ミャストの南東にあり、その後ウッジ郊外で戦った。2月はオーデル河のヴリーツェン地区で行動した。1945年3月中旬にデーベリッツ第303歩兵師団に編入され、第303戦車撃滅大隊と改称されたが、すぐに元の名称に戻された。3月末から4月初頭はデーベリッツ師団とともにキュストリン郊外で行動した。4月25日、第9軍部隊とともにベルリン南東のヴァンディッシュ・ブッフホルツに包囲、殲滅された。包囲から脱出できた個々の突撃砲乗員は第12軍に編入されたが、タンガーミュンデ地区でアメリカ軍に投降した。

第111突撃砲教導旅団（Sturmartillerie-Lehr-Brigade 111）

1944年10月のブルク突撃砲学校で、第Ⅰ突撃砲教導旅団が前線に発った後に編成された。当初は第Ⅱ突撃砲教導旅団（Sturmgeschutz-Lehr-Brigade Ⅱ）と呼ばれた。1945年1月に第111

108：ベルリンへの近接路で破壊された Ⅲ 号突撃砲。1945年4月。天井板が欠けているため、同車は内部で弾薬の誘爆が起きたのだろう。この自走砲はツィンメリット塗装され、側面増加装甲板には133の番号が付いている。また、戦闘室正面装甲板はセメントを塗布して強化されている。（ASKM）

突撃砲教導砲旅団（Sturmartillerie-Lehr-Brigade 111）に改編。

1945年1月22日に独ソ戦線に向かい、メゼリッツ～シュヴィーブス地区で行動した。2月に同旅団部隊はオーデル河の右岸に包囲、殲滅された。この包囲網を脱出できたのは少数の将兵のみで、彼らはブルク突撃砲学校に送還された。これら将兵を基幹にして再び旅団が編成され、1945年4月初頭に第9軍第56軍団に編入された。1945年4月7日現在の同旅団には33両のⅢ号突撃砲と9両の42型突撃榴弾砲、さらに6両のⅣ号駆逐戦車70（A）型（内1両は修理中）があった。その後の戦闘で損害は増し、同旅団は北西方向に後退して行った。5月初頭に旅団残存部隊はエルベ河をヴィッテンベルクとゴアレムの地区で渡河し、アメリカ軍に投降した。

同旅団の一部は旅団長ヴァーグナー大尉の指揮下、ヴィッスラ河右岸に留まって赤軍部隊への抵抗を続けた。ヴァーグナー戦闘団の残存将兵がソ連軍部隊に降伏したのは、ようやく1945年5月8日のことである。

第Ⅲ突撃砲教導旅団（Sturmgeschutz-Lehr-Brigade Ⅲ）

第Ⅱ突撃砲教導旅団が前線に出発した後のブルクで1945年2月から3月にかけて編成。

1945年4月末にマクテブルクの西でアメリカ軍部隊と交戦。5月初頭は独ソ戦線の第12軍に移された。5月8日、タンガーミュンデ地区でソ連軍に降伏。

シル教導旅団（Lehr-Brigade《Schill》）

1945年4月中旬のブルク突撃砲学校で教導兵器により編成され、フェルディナント・フォン・シル師団に編入された。5月7日現在の同旅団はマクデブルクに退き、そこでアメリカ軍に降伏した。

突撃砲大隊

第200突撃砲補充大隊（Sturmgeschutz-Erzatz-Abteilung 200）

1941年1月、シュヴァインフルトで補充および教育部隊として編成。

1945年1月16日から第21軍の部隊としてポーランドのラドムスコ郊外の戦闘に投入される。そこで壊滅した後、残存兵員はブルク突撃砲学校に送られ、第700突撃砲大隊に組み込まれた。

第500突撃砲補充大隊（Sturmgeschutz-Erzatz-Abteilung 500）

1945年初頭、ブルク突撃砲学校で編成。

1945年1月はポズナンニを巡る戦闘に参加。1月25日現在の同大

隊には突撃砲17両があった。

第700突撃砲補充大隊（Sturmgeschutz-Erzatz-Abteilung 700）

1945年1月、ブルク突撃砲学校で編成。
1945年2月は独ソ戦線の戦闘に参加。

第1170独立突撃砲大隊（Sturmgeschutz-Abteilung 1170）

1945年4月8日、ブルクで第322突撃砲旅団の兵員から編成され、突撃砲中隊2個と装甲兵員輸送車移動型の自動車化歩兵中隊1個からなる。同大隊は、西部戦線で行動中のシャルンホルスト歩兵師団《Scharnhorst》の麾下にあった。

1945年4月25日から独ソ戦線に送られ、第12軍部隊によるベルリン守備隊包囲網の突破作戦に加わる。これらの戦闘で第1170大隊は大きな損害を出し、その残存部隊はエルベ河のハーフェルベルクに撤退し、アメリカ軍に投降した。

第1269独立戦車猟兵突撃砲中隊
（PanzerJäger-Sturmgeschutz-Kompanie 1269）

1944年11月、ブルク突撃砲学校で補充および教育部隊として編成された。

1945年1月中旬に12両の突撃砲を受領し、キュストリン郊外に派遣され、1月下旬に戦闘に入った。3月はシュテッティン近郊で戦い、4月18日はシュテッティンから南へ撤退した。5月3日、バート・クライネン郊外で米英軍部隊に投降した。

109：戦闘後にケーニヒスベルクの街路に遺棄されたドイツ軍兵器。左手にはⅢ号戦車を改造し、20mm砲を搭載した弾薬輸送車が見える。これはどこかの突撃砲旅団にあった車両だろう。

［著者］
マクシム・コロミーエツ
1968年モスクワ市生まれ。1994年にバウマン記念モスクワ高等技術学校（現バウマン記念国立モスクワ工科大学）を卒業後、ロシア中央軍事博物館に研究員として在籍。1997年からはロシアの人気戦車専門誌『タンコマーステル』の編集員も務め、装甲兵器の発達、実戦記録に関する記事の執筆も担当。2000年には自ら出版社「ストラテーギヤKM」を起こし、第二次大戦時の独ソ装甲兵器を中心テーマとする『フロントヴァヤ・イリュストラーツィヤ』誌を定期刊行中。最近まで内外に閉ざされていたソ連側資料を駆使して、独ソ戦の実像に迫ろうとしている。著書、『バラトン湖の戦い』は小社から邦訳出版され、『アーマーモデリング』誌にも記事を寄稿、その他著書、記事多数。

［翻訳］
小松徳仁（こまつのりひと）
1966年福岡県生まれ。1991年九州大学法学部卒業後、製紙メーカーに勤務。学生時代から興味のあったロシアへの留学を志し、1994年に渡露。2000年にロシア科学アカデミー社会学・政治学研究所附属大学院を中退後、フリーランスのロシア語通訳・翻訳者として現在に至る。訳書には『バラトン湖の戦い』、『モスクワ上空の戦い』（いずれも小社刊）などがある。また、マスコミ報道やテレビ番組制作関連の通訳・翻訳にも多く携わっている。

［監修］
高橋慶史（たかはしよしふみ）
1956年岩手県盛岡市生まれ。慶應義塾大学工学部電気工学科卒業後、ベルリン工科大学エネルギー工学科へ留学。修了後の1981年から電力会社に勤務。専門はオール電化住宅、電気温水器、エコキュート、IHクッキングヒータなどを中心としたオール電化普及・営業。著書に『ラスト・オブ・カンプフグルッペ』、『続ラスト・オブ・カンプフグルッペ』、訳書に『軽駆逐戦車』、『パンター戦車』、『突撃砲』、『突撃砲兵・上、下』、『ケーニッヒスティーガー重戦車1942-1945』（いずれも小社刊）などがある。

独ソ戦車戦シリーズ 9

1945年のドイツ国防軍戦車部隊
欧州戦最終期のドイツ軍戦車部隊、組織編制と戦歴の事典

発行日	2006年10月29日　初版第1刷
著者	マクシム・コロミーエツ
翻訳	小松徳仁
監修	高橋慶史
発行者	小川光二
発行所	株式会社大日本絵画
	〒101-0054　東京都千代田区神田錦町1丁目7番地
	tel. 03-3294-7861（代）　http://www.kaiga.co.jp
企画・編集	株式会社アートボックス
	tel. 03-6820-7000　fax. 03-5281-8467
	http://www.modelkasten.com
装丁	八木八重子
DTP	小野寺徹
印刷・製本	大日本印刷株式会社

ISBN4-499-22924-3 C0076

ФРОНТОВАЯ
ИЛЛЮСТРАЦИЯ
FRONTLINE ILLUSTRATION

ТАНКОВЫЕ
СОЕДИНЕНИЯ
ВЕРМАХТА В 1945 ГОДУ

by Максим КОЛОМИЕЦ

©Стратегия КМ 2005

Japanese edition published in 2006
Translated by Norihito KOMATSU
Publisher DAINIPPON KAIGA Co.,Ltd.
Kanda Nishikicho 1-7,Chiyoda-ku,Tokyo
101-0054 Japan
©2006 DAINIPPON KAIGA Co.,Ltd.
Norihito KOMATSU, Yoshifumi TAKAHASHI
Printed in Japan